드릴 만점 계산력 수학

단계

드릴 만점 계산력수학의 학습 효과

"와! 우리 아이가 계산의 천재가 되다니……"

엄마: 수재야, 평소에는 수학 문제를 잘 풀더니 시험 점수가 왜 이러니?
수재: 아앙! 나도 울고 싶다고요. 시간이 정해져 있으니까 초조해서 알던 문제도 못 풀겠던걸요!

우리는 종종 이런 대화를 듣곤 합니다. 이런 학생들은 문제를 푸는 계산 속도가 느리거나 아는 내용도 집중력 부족으로 풀이 과정에서 실수를 범하는 경우가 대부분입니다. 즉, 계산력에 문제가 있기 때문이지요. 그러면 계산력을 향상시키고, 집중력을 강화시키기 위해서는 어떤 방법이 필요할까요? 무엇보다도 문제와 친해져야 합니다. 그러기 위해서는 같은 유형의 문제를 반복해서 풀어 보는 방법이 제일이지요.

이런 학습을 가능하게 해 주는 것이 바로 '**드릴 만점 계산력수학**' 입니다.
'**드릴 만점 계산력수학**' 은 **같은 유형의 문제**를, **짧은 시간 내**에, **집중적**으로 풀게 함으로써 기초 실력을 탄탄하게 하고 숙련도를 높여 수학에 대한 자신감을 길러 줍니다.
이렇게 형성된 **기초 실력**과 **자신감**은 훗날 **대학 입학 시험**에서 높은 점수를 얻을 수 있는 반석(盤石)이 될 것입니다.

자, 그렇다면 '**드릴 만점 계산력수학**' 으로 학습하면 어떤 좋은 점이 있을까요?

1. **수준에 맞는 단계별 학습 프로그램으로 이해력이 빨라지도록 합니다.**
   각 학년에서 배우게 될 내용보다 조금 쉬운 과정에서 출발하여 그 학년에서 반드시 익혀야 할 내용까지 학습 목표를 명확하게 제시하여 학습의 이해도를 높였습니다.
2. **집중력을 키우고, 스스로 학습하는 습관을 길러 줍니다.**
   '표준 완성 시간' 을 정해 놓고, 그 시간 안에 주어진 문제를 스스로 풀도록 함으로써 스스로 학습하는 습관을 길러 줍니다.
3. **학습에 대한 성취감과 자신감을 길러 줍니다.**
   매회를 '표준 완성 시간' 내에 풀게 함으로써 집중력을 키우고, 반복 학습을 통한 계산력 향상으로 문제에 대한 자신감과 성취감이 최고에 이르도록 하였습니다.

이와 같은 학습 효과를 얻을 수 있는 '**드릴 만점 계산력수학**' 으로 꾸준히 공부한다면 반드시 '**계산의 천재**' 가 될 것입니다.

드릴 만점 계산력수학의 학습 및 지도 방법

1 우선, 진단 평가를 실시한다!

똑같은 문제를 풀더라도 그 결과가 모든 사람에게 좋을 수는 없습니다.
따라서, 학습자가 어떤 학습 목표에 취약점이 있는지 미리 파악해서 각자의 수준에 맞는 단계의 교재를 선택하게 하여 자신감을 갖고 스스로 문제를 풀 수 있도록 해 주는 것이 무엇보다 중요합니다.
'드릴 만점 계산력수학'은 아이들에게 성취감과 자신감을 주기 위해 조금 낮은 단계의 교재부터 시작해도 절대로 본 학습 진도에 뒤쳐지지 않도록 엮었습니다.

2 집중력을 가지고, 매회를 10분 내에 학습한다!

오랜 시간 동안 문제를 푼다고 해서 계산력이 향상되지는 않습니다. 따라서, '표준 완성 시간'을 정하여 정해진 짧은 시간 안에 문제를 풀 수 있도록 훈련합니다. 그러나 처음부터 '표준 완성 시간' 안에 풀어야 한다는 부담을 갖게 되면 흥미를 잃게 되므로 점차적으로 학습 습관이 형성되도록 하여 '표준 완성 시간' 안에 문제를 풀 수 있도록 지도합니다.

3 만점이 될 때까지 반복 학습을 한다!

문제를 풀다 보면 오답이 나올 수도 있습니다. 오답이 나온 경우, 틀린 문항을 반복하여 스스로 풀게 함으로써 반드시 만점을 맞도록 지도합니다.
이 같은 지도는 학생들의 문제 해결력에 대한 자신감을 길러 주어 학습 의욕을 불러 일으킵니다.

4 문제 푸는 과정을 중요시한다!

문제에 대한 답이 맞고 틀린 것만을 체크하지 말고, 문제 푸는 과정을 정확하게 서술했는지 확인합니다. 이 같은 지도는 서술형 문제를 해결하기 위한 기초 준비 학습입니다.

5 총괄 평가를 실시한다!

각 단계 학습이 끝난 후에 배운 내용을 종합적으로 총정리하고, 스스로 평가하는 과정입니다. 미흡한 부분은 다시 한 번 점검하여 100% 풀 수 있도록 숙달한 후에 다음 단계로 넘어가야 상위 단계의 학습 진행에 무리가 없습니다.

6 칭찬과 격려를 아끼지 않는다!

'칭찬은 고래도 춤추게 한다'라는 말이 있습니다. 학습 지도에 있어서 가장 중요한 일이 부모님의 칭찬과 격려입니다. '부모 확인란'을 활용하여 부모님이 지속적인 관심을 갖고 꾸준히 지도하신다면 자녀들의 계산력이 눈에 띄게 향상될 것입니다.

차 례 4단계

월 일 이름

표준 완성 시간 3~4분

평가				
오답수	아주 잘함 : 0~1	잘함 : 2	보통 : 3~4	노력 바람 : 5~

부모 확인란

1. 다음 보기 와 같이 계산하시오.

보기

×	3	4	8
2	① 6	② 8	③ 16
3	④ 9	⑤ 12	⑥ 24
7	⑦ 21	⑧ 28	⑨ 56

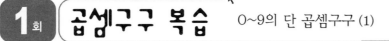

① 3×2=6 ② 4×2=8
③ 8×2=16 ④ 3×3=9
⑤ 4×3=12 ⑥ 8×3=24
⑦ 3×7=21 ⑧ 4×7=28
⑨ 8×7=56

(1)

×	8	7	5
2		14	
4			
0			

(2)

×	6	2	4	1
5				
7				
3				

(3)

×	1	9	3
8			
3			
2			
4			

(4)

×	3	0	9	6
1				
9				
6				
7				

2. 두 수의 곱셈을 하여 빈 칸에 알맞은 수를 써 넣으시오.

×	4	3	8	2	0	9	1	7	5	6
6	24									
3		9								
1					0					
7										
5										
2										
0										
4										
8										
9										

틀린 계산은 아래에 써서 다시 해 보시오.

___ × ___ = ___   ___ × ___ = ___

___ × ___ = ___   ___ × ___ = ___

___ × ___ = ___   ___ × ___ = ___

2회 곱셈구구 복습

0~9의 단 곱셈구구 (2)

 월  일 이름

표준 완성 시간 3~4분

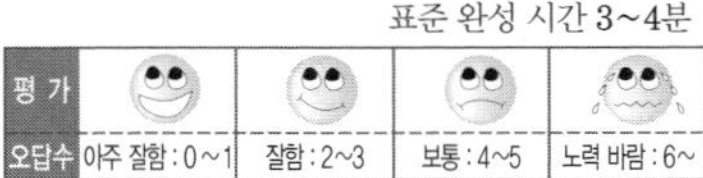

부모 확인란

1. 두 수의 곱셈을 하여 빈 칸에 알맞은 수를 써 넣으시오.

×	3	7	1	8	0	6	2	5	4	9
4										
7		49								
0										
1										
3										
6										
2										
5										
9										
8										

틀린 계산은 아래에 써서 다시 해 보시오.

____ × ____ = ____　　____ × ____ = ____

____ × ____ = ____　　____ × ____ = ____

____ × ____ = ____　　____ × ____ = ____

2. 두 수의 곱셈을 하여 빈 칸에 알맞은 수를 써 넣으시오.

×	2	9	5	4	7	3	6	0	1	8
8										
0										
3										
6										
5										
2					14					
9										
4										
7										
1										

틀린 계산은 아래에 써서 다시 해 보시오.

____ × ____ = ____　　____ × ____ = ____

____ × ____ = ____　　____ × ____ = ____

____ × ____ = ____　　____ × ____ = ____

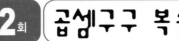

3회

곱셈구구 복습

0~9의 단 곱셈구구 (3)

 월  일 이름

표준 완성 시간 3~4분

평 가				
오답수	아주 잘함 : 0~1	잘함 : 2~3	보통 : 4~5	노력 바람 : 6~

부모 확인란

1. 두 수의 곱셈을 하여 빈 칸에 알맞은 수를 써 넣으시오.

×	8	7	2	4	9	1	0	5	6	3
1	8									
9										
5										
2										
0										
6										
4										
8										
3										
7										

틀린 계산은 아래에 써서 다시 해 보시오.

___ × ___ = ___　　___ × ___ = ___

___ × ___ = ___　　___ × ___ = ___

___ × ___ = ___　　___ × ___ = ___

2. 두 수의 곱셈을 하여 빈 칸에 알맞은 수를 써 넣으시오.

×	5	8	1	6	0	3	4	7	2	9
5										
1										
0										
9										
7										
3										
6			6							
2										
4										
8										

틀린 계산은 아래에 써서 다시 해 보시오.

___ × ___ = ___　　___ × ___ = ___

___ × ___ = ___　　___ × ___ = ___

___ × ___ = ___　　___ × ___ = ___

곱셈구구 복습

0~9의 단 곱셈구구 (4)

월 일 이름

표준 완성 시간 3~4분

평 가				
오답수	아주 잘함 : 0~1	잘함 : 2~3	보통 : 4~5	노력 바람 : 6~

부모 확인란

1. 두 수의 곱셈을 하여 빈 칸에 알맞은 수를 써 넣으시오.

×	7	5	3	8	1	9	2	6	4	0
2										
7			21							
4										
1										
6										
0										
8										
3										
9										
5										

틀린 계산은 아래에 써서 다시 해 보시오.

___ × ___ = ___　　___ × ___ = ___

___ × ___ = ___　　___ × ___ = ___

___ × ___ = ___　　___ × ___ = ___

2. 두 수의 곱셈을 하여 빈 칸에 알맞은 수를 써 넣으시오.

×	0	2	5	8	4	1	9	7	3	6
7										
4										
9										
2										
0										
5										
1										
6										
3										
8										

틀린 계산은 아래에 써서 다시 해 보시오.

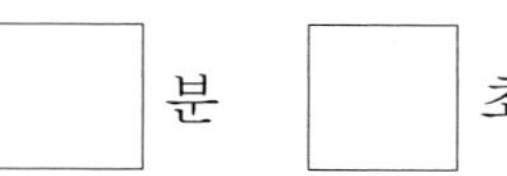

___ × ___ = ___

___ × ___ = ___

___ × ___ = ___

5회 곱셈구구 복습 0~9의 단 곱셈구구 (5)

 월  일 이름

표준 완성 시간 3~4분

평가				
오답수	아주 잘함 : 0~1	잘함 : 2~3	보통 : 4~5	노력 바람 : 6~

부모 확인란

1. 두 수의 곱셈을 하여 빈 칸에 알맞은 수를 써 넣으시오.

×	9	8	2	0	7	4	5	1	3	6
0										
7										
3		24								
6										
9										
1										
5										
4										
8										
2										

틀린 계산은 아래에 써서 다시 해 보시오.

____ × ____ = ____　　____ × ____ = ____

____ × ____ = ____　　____ × ____ = ____

____ × ____ = ____　　____ × ____ = ____

2. 두 수의 곱셈을 하여 빈 칸에 알맞은 수를 써 넣으시오.

×	6	1	8	5	3	9	2	7	4	0
3										
9										
6										
1										
4										
7										
0										
8										
2										
5										

틀린 계산은 아래에 써서 다시 해 보시오.

____ × ____ = ____

____ × ____ = ____

____ × ____ = ____

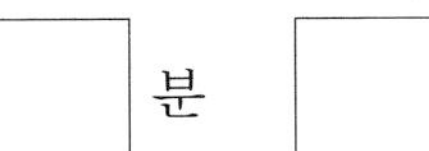

☐ 분 ☐ 초

덧셈 복습

(한 자리 수)+(한 자리 수) (1)

월 일 이름

표준 완성 시간 3~4분

평가				
오답수	아주 잘함 : 0~1	잘함 : 2~3	보통 : 4~5	노력 바람 : 6~

부모 확인란

1. 두 수의 덧셈을 하여 빈 칸에 알맞은 수를 써 넣으시오.

+	4	1	8	3	5	0	7	2	9	6
4	8									
1										
8										
3										
5										
0										
7										
2										
9										
6										

틀린 계산은 아래에 써서 다시 해 보시오.

___ + ___ = ___　　___ + ___ = ___

___ + ___ = ___　　___ + ___ = ___

___ + ___ = ___　　___ + ___ = ___

2. 두 수의 덧셈을 하여 빈 칸에 알맞은 수를 써 넣으시오.

+	7	2	5	9	0	4	6	1	8	3
7										
2										
5				14						
9										
0										
4										
6										
1										
8										
3										

틀린 계산은 아래에 써서 다시 해 보시오.

___ + ___ = ___　　___ + ___ = ___

___ + ___ = ___　　___ + ___ = ___

___ + ___ = ___　　___ + ___ = ___

7회 덧셈 복습 (한 자리 수)+(한 자리 수) (2)

월 일 이름

표준 완성 시간 3~4분

평가				
오답수	아주 잘함 : 0~1	잘함 : 2~3	보통 : 4~5	노력 바람 : 6~

부모 확인란

1. 두 수의 덧셈을 하여 빈 칸에 알맞은 수를 써 넣으시오.

+	2	6	0	8	3	5	1	9	4	7
2										
6		12								
0										
8										
3										
5										
1										
9										
4										
7										

틀린 계산은 아래에 써서 다시 해 보시오.

___ + ___ = ___　　___ + ___ = ___

___ + ___ = ___　　___ + ___ = ___

___ + ___ = ___　　___ + ___ = ___

2. 두 수의 덧셈을 하여 빈 칸에 알맞은 수를 써 넣으시오.

+	5	7	2	8	1	4	9	0	3	6
5										
7										
2										
8										
1										
4										
9										15
0										
3										
6										

틀린 계산은 아래에 써서 다시 해 보시오.

___ + ___ = ___　　___ + ___ = ___

___ + ___ = ___　　___ + ___ = ___

___ + ___ = ___　　___ + ___ = ___

덧셈 복습

(한 자리 수)+(한 자리 수) (3)

월 일 이름

표준 완성 시간 3~4분

평가				
오답수	아주 잘함 : 0~1	잘함 : 2~3	보통 : 4~5	노력 바람 : 6~

부모 확인란

1. 두 수의 덧셈을 하여 빈 칸에 알맞은 수를 써 넣으시오.

+	8	0	6	2	5	1	7	9	3	4
8										
0										
6										
2										
5	13									
1										
7										
9										
3										
4										

틀린 계산은 아래에 써서 다시 해 보시오.

___ + ___ = ___　　___ + ___ = ___

___ + ___ = ___　　___ + ___ = ___

___ + ___ = ___　　___ + ___ = ___

2. 두 수의 덧셈을 하여 빈 칸에 알맞은 수를 써 넣으시오.

+	3	7	4	2	6	9	5	1	8	0
3										
7										
4										
2										
6										
9				11						
5										
1										
8										
0										

틀린 계산은 아래에 써서 다시 해 보시오.

___ + ___ = ___　　___ + ___ = ___

___ + ___ = ___　　___ + ___ = ___

___ + ___ = ___　　___ + ___ = ___

9회 덧셈 복습

(한 자리 수)+(한 자리 수) (4)

월 일 이름

표준 완성 시간 3~4분

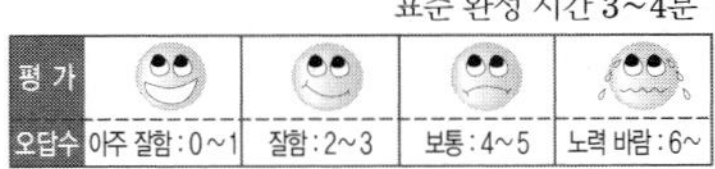

부모 확인란

1. 두 수의 덧셈을 하여 빈 칸에 알맞은 수를 써 넣으시오.

+	1	4	8	2	7	9	6	3	0	5
1										
4					11					
8										
2										
7										
9										
6										
3										
0										
5										

틀린 계산은 아래에 써서 다시 해 보시오.

____ + ____ = ____ ____ + ____ = ____

____ + ____ = ____ ____ + ____ = ____

____ + ____ = ____ ____ + ____ = ____

2. 두 수의 덧셈을 하여 빈 칸에 알맞은 수를 써 넣으시오.

+	0	6	3	8	1	9	4	7	2	5
0										
6										
3										
8										
1										
9										
4										
7										
2										
5										

틀린 계산은 아래에 써서 다시 해 보시오.

____ + ____ = ____

____ + ____ = ____

____ + ____ = ____

□ 분 □ 초

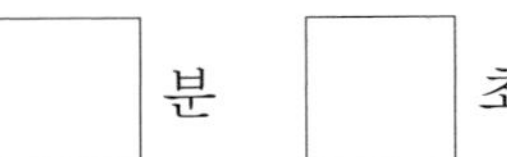

덧셈 복습

(한 자리 수)+(한 자리 수) (5)

월 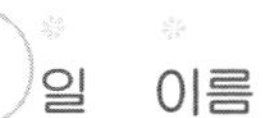일 이름

표준 완성 시간 3~4분

평가				
오답수	아주 잘함 : 0~1	잘함 : 2~3	보통 : 4~5	노력 바람 : 6~

부모 확인란

1. 두 수의 덧셈을 하여 빈 칸에 알맞은 수를 써 넣으시오.

+	6	2	4	0	8	7	1	9	3	5
6										
2										
4						11				
0										
8										
7										
1										
9										
3										
5										

틀린 계산은 아래에 써서 다시 해 보시오.

___ + ___ = ___ ___ + ___ = ___

___ + ___ = ___ ___ + ___ = ___

___ + ___ = ___ ___ + ___ = ___

2. 두 수의 덧셈을 하여 빈 칸에 알맞은 수를 써 넣으시오.

+	9	4	3	7	1	8	5	2	6	0
9										
4										
3										
7										
1										
8										
5										
2										
6										
0										

틀린 계산은 아래에 써서 다시 해 보시오.

☐ 분 ☐ 초

___ + ___ = ___

___ + ___ = ___

___ + ___ = ___

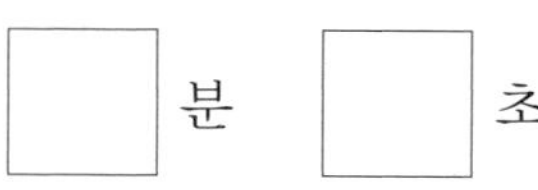

11회 뺄셈 복습

(두 자리 수)−(한 자리 수) (1)

월 일 이름

표준 완성 시간 3~4분

평가				
오답수	아주 잘함 : 0~1	잘함 : 2~3	보통 : 4~5	노력 바람 : 6~

부모 확인란

1. 두 수의 뺄셈을 하여 빈 칸에 알맞은 수를 써 넣으시오.

−	18	12	15	13	17	10	16	11	19	14
3										
8			7							
1										
4										
6										
0										
9										
2										
5										
7										

틀린 계산은 아래에 써서 다시 해 보시오.

___ − ___ = ___ ___ − ___ = ___

___ − ___ = ___ ___ − ___ = ___

___ − ___ = ___ ___ − ___ = ___

2. 두 수의 뺄셈을 하여 빈 칸에 알맞은 수를 써 넣으시오.

−	14	12	10	17	15	19	13	11	18	16
5										
3				14						
0										
7										
1										
6										
4										
9										
2										
8										

틀린 계산은 아래에 써서 다시 해 보시오.

___ − ___ = ___ ___ − ___ = ___

___ − ___ = ___ ___ − ___ = ___

___ − ___ = ___ ___ − ___ = ___

12회 뺄셈 복습

(두 자리 수)−(한 자리 수) (2)

월 일 이름

표준 완성 시간 3~4분

평가				
오답수	아주 잘함 : 0~1	잘함 : 2~3	보통 : 4~5	노력 바람 : 6~

부모 확인란

1. 두 수의 뺄셈을 하여 빈 칸에 알맞은 수를 써 넣으시오.

−	11	17	14	12	16	19	10	15	18	13
8										
3						16				
6										
2										
0										
5										
7										
1										
9										
4										

틀린 계산은 아래에 써서 다시 해 보시오.

___ − ___ = ___　___ − ___ = ___

___ − ___ = ___　___ − ___ = ___

___ − ___ = ___　___ − ___ = ___

2. 두 수의 뺄셈을 하여 빈 칸에 알맞은 수를 써 넣으시오.

−	17	13	14	10	18	19	11	15	12	16
6										
2										
1										
4										
8										8
3										
7										
9										
0										
5										

틀린 계산은 아래에 써서 다시 해 보시오.

___ − ___ = ___　___ − ___ = ___

___ − ___ = ___　___ − ___ = ___

___ − ___ = ___　___ − ___ = ___

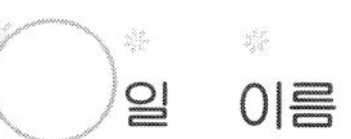

월 일 이름

표준 완성 시간 3~4분

평가				
오답수	아주 잘함 : 0~1	잘함 : 2~3	보통 : 4~5	노력 바람 : 6~

부모 확인란

1. 두 수의 뺄셈을 하여 빈 칸에 알맞은 수를 써 넣으시오.

−	10	17	12	14	18	11	16	19	13	15
0										
3			9							
2										
6										
4										
9										
5										
7										
1										
8										

틀린 계산은 아래에 써서 다시 해 보시오.

___ − ___ = ___　　___ − ___ = ___

___ − ___ = ___　　___ − ___ = ___

___ − ___ = ___　　___ − ___ = ___

2. 두 수의 뺄셈을 하여 빈 칸에 알맞은 수를 써 넣으시오.

−	13	19	11	15	16	10	18	14	17	12
4										
7										
3										
8										
1										
6										
2					14					
5										
9										
0										

틀린 계산은 아래에 써서 다시 해 보시오.

___ − ___ = ___　　___ − ___ = ___

___ − ___ = ___　　___ − ___ = ___

___ − ___ = ___　　___ − ___ = ___

14회 뺄셈 복습

(두 자리 수)−(한 자리 수) (4)

월 일 이름

표준 완성 시간 3~4분

평가				
오답수	아주 잘함 : 0~1	잘함 : 2~3	보통 : 4~5	노력 바람 : 6~

부모 확인란

1. 두 수의 뺄셈을 하여 빈 칸에 알맞은 수를 써 넣으시오.

−	12	19	11	14	15	10	16	17	13	18
7										
2			9							
6										
0										
5										
4										
1										
9										
3										
8										

틀린 계산은 아래에 써서 다시 해 보시오.

____ − ____ = ____　　____ − ____ = ____

____ − ____ = ____　　____ − ____ = ____

____ − ____ = ____　　____ − ____ = ____

2. 두 수의 뺄셈을 하여 빈 칸에 알맞은 수를 써 넣으시오.

−	16	17	14	11	19	15	12	13	18	10
2										
8										
1										
6										
0										
5										
4										
3										
7										
9										

틀린 계산은 아래에 써서 다시 해 보시오.

____ − ____ = ____

____ − ____ = ____

____ − ____ = ____

☐ 분 ☐ 초

얼마나 빠른지 시간을 재보세요.

15회 빼셈 복습

(두 자리 수)−(한 자리 수) (5)

월 일 이름

표준 완성 시간 3~4분

평 가	아주 잘함	잘함	보통	노력 바람
오답수	0~1	2~3	4~5	6~

부모 확인란

1. 두 수의 빼셈을 하여 빈 칸에 알맞은 수를 써 넣으시오.

−	15	12	19	10	17	16	11	18	13	14
1										
2			17							
9										
0										
4										
8										
3										
6										
5										
7										

틀린 계산은 아래에 써서 다시 해 보시오.

____ − ____ = ____　　____ − ____ = ____

____ − ____ = ____　　____ − ____ = ____

____ − ____ = ____　　____ − ____ = ____

2. 두 수의 빼셈을 하여 빈 칸에 알맞은 수를 써 넣으시오.

−	19	14	11	18	15	12	16	10	17	13
9										
4										
1										
8										
5										
2										
6										
0										
7										
3										

틀린 계산은 아래에 써서 다시 해 보시오.

____ − ____ = ____

____ − ____ = ____

____ − ____ = ____

분 초

나눗셈 복습

몫 : 한 자리 수, 나머지 있음 (1)

월 일 이름

표준 완성 시간 4~5분

평가				
오답수	아주 잘함 : 0~2	잘함 : 3~5	보통 : 6~8	노력 바람 : 9~

부모 확인란

1. 나눗셈의 몫과 나머지를 구하시오.

(1) $12 \div 8 =$ 1 … 4
(2) $11 \div 5 =$ ___ … ___
(3) $22 \div 7 =$ ___ … ___
(4) $15 \div 6 =$ ___ … ___
(5) $10 \div 3 =$ ___ … ___
(6) $37 \div 9 =$ ___ … ___
(7) $26 \div 7 =$ ___ … ___
(8) $25 \div 3 =$ ___ … ___
(9) $47 \div 7 =$ ___ … ___
(10) $56 \div 9 =$ ___ … ___
(11) $22 \div 4 =$ ___ … ___
(12) $36 \div 7 =$ ___ … ___
(13) $15 \div 2 =$ ___ … ___
(14) $18 \div 5 =$ ___ … ___
(15) $32 \div 6 =$ ___ … ___
(16) $31 \div 4 =$ ___ … ___
(17) $55 \div 8 =$ ___ … ___
(18) $16 \div 3 =$ ___ … ___
(19) $17 \div 9 =$ ___ … ___
(20) $30 \div 7 =$ ___ … ___
(21) $18 \div 8 =$ ___ … ___
(22) $10 \div 6 =$ ___ … ___
(23) $23 \div 8 =$ ___ … ___
(24) $62 \div 9 =$ ___ … ___

2. 나눗셈의 몫과 나머지를 구하시오.

(1) $35 \div 6 =$ ___ … ___
(2) $32 \div 5 =$ ___ … ___
(3) $41 \div 8 =$ ___ … ___
(4) $21 \div 4 =$ ___ … ___
(5) $61 \div 9 =$ ___ … ___
(6) $30 \div 8 =$ ___ … ___
(7) $40 \div 7 =$ ___ … ___
(8) $26 \div 5 =$ ___ … ___
(9) $45 \div 8 =$ ___ … ___
(10) $59 \div 9 =$ ___ … ___
(11) $71 \div 8 =$ ___ … ___
(12) $34 \div 7 =$ ___ … ___
(13) $41 \div 6 =$ ___ … ___
(14) $28 \div 8 =$ ___ … ___
(15) $24 \div 5 =$ ___ … ___
(16) $41 \div 9 =$ ___ … ___
(17) $51 \div 7 =$ ___ … ___
(18) $38 \div 6 =$ ___ … ___
(19) $26 \div 8 =$ ___ … ___
(20) $47 \div 9 =$ ___ … ___
(21) $79 \div 8 =$ ___ … ___
(22) $80 \div 9 =$ ___ … ___
(23) $61 \div 7 =$ ___ … ___
(24) $22 \div 9 =$ ___ … ___

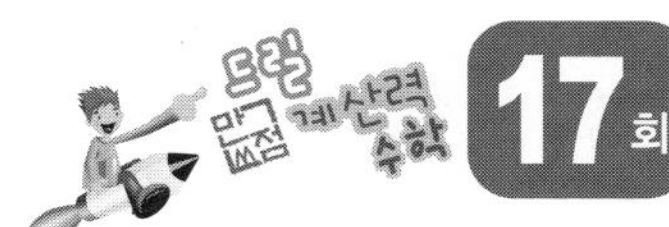

17회 나눗셈 복습

몫 : 한 자리 수, 나머지 있음 (2)

월 일 이름

표준 완성 시간 4~5분

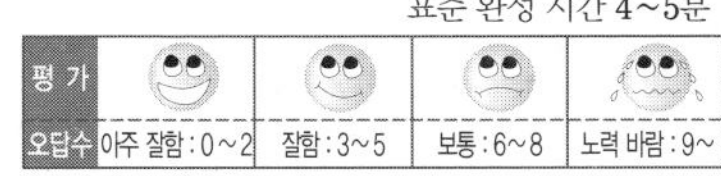

평가				
오답수	아주 잘함 : 0~2	잘함 : 3~5	보통 : 6~8	노력 바람 : 9~

부모 확인란

1. 나눗셈의 몫과 나머지를 구하시오.

(1) $66 \div 8 =$ 8 … 2

(2) $13 \div 7 =$ ___ … ___

(3) $10 \div 9 =$ ___ … ___

(4) $36 \div 8 =$ ___ … ___

(5) $43 \div 6 =$ ___ … ___

(6) $28 \div 3 =$ ___ … ___

(7) $17 \div 9 =$ ___ … ___

(8) $16 \div 5 =$ ___ … ___

(9) $34 \div 5 =$ ___ … ___

(10) $25 \div 6 =$ ___ … ___

(11) $11 \div 8 =$ ___ … ___

(12) $40 \div 7 =$ ___ … ___

(13) $59 \div 9 =$ ___ … ___

(14) $20 \div 3 =$ ___ … ___

(15) $57 \div 7 =$ ___ … ___

(16) $52 \div 6 =$ ___ … ___

(17) $42 \div 5 =$ ___ … ___

(18) $35 \div 4 =$ ___ … ___

(19) $70 \div 8 =$ ___ … ___

(20) $13 \div 4 =$ ___ … ___

(21) $53 \div 6 =$ ___ … ___

(22) $55 \div 7 =$ ___ … ___

(23) $35 \div 8 =$ ___ … ___

(24) $74 \div 8 =$ ___ … ___

2. 나눗셈의 몫과 나머지를 구하시오.

(1) $68 \div 8 =$ ___ … ___

(2) $38 \div 9 =$ ___ … ___

(3) $13 \div 9 =$ ___ … ___

(4) $51 \div 8 =$ ___ … ___

(5) $62 \div 7 =$ ___ … ___

(6) $22 \div 9 =$ ___ … ___

(7) $16 \div 3 =$ ___ … ___

(8) $17 \div 2 =$ ___ … ___

(9) $25 \div 4 =$ ___ … ___

(10) $71 \div 8 =$ ___ … ___

(11) $35 \div 9 =$ ___ … ___

(12) $33 \div 7 =$ ___ … ___

(13) $10 \div 6 =$ ___ … ___

(14) $23 \div 6 =$ ___ … ___

(15) $24 \div 7 =$ ___ … ___

(16) $14 \div 8 =$ ___ … ___

(17) $50 \div 8 =$ ___ … ___

(18) $44 \div 9 =$ ___ … ___

(19) $25 \div 7 =$ ___ … ___

(20) $59 \div 6 =$ ___ … ___

(21) $14 \div 4 =$ ___ … ___

곱셈구구를
먼저 외워 보세요.

18회 

몫 : 한 자리 수,
나머지 있음 (3)

 월 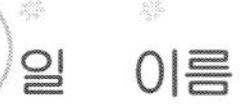 일 이름

표준 완성 시간 4~5분

평가				
오답수	아주 잘함 : 0~2	잘함 : 3~5	보통 : 6~8	노력 바람 : 9~

부모 확인란

1. 나눗셈의 몫과 나머지를 구하시오.

(1) $39 \div 4 =$ 9 … 3
(2) $73 \div 8 =$ ____ … ____
(3) $27 \div 8 =$ ____ … ____
(4) $40 \div 6 =$ ____ … ____
(5) $19 \div 7 =$ ____ … ____
(6) $29 \div 9 =$ ____ … ____
(7) $54 \div 8 =$ ____ … ____
(8) $67 \div 9 =$ ____ … ____
(9) $35 \div 6 =$ ____ … ____
(10) $22 \div 3 =$ ____ … ____
(11) $69 \div 8 =$ ____ … ____
(12) $13 \div 2 =$ ____ … ____
(13) $40 \div 7 =$ ____ … ____
(14) $52 \div 6 =$ ____ … ____
(15) $10 \div 7 =$ ____ … ____
(16) $34 \div 9 =$ ____ … ____
(17) $31 \div 6 =$ ____ … ____
(18) $79 \div 8 =$ ____ … ____
(19) $23 \div 6 =$ ____ … ____
(20) $17 \div 9 =$ ____ … ____
(21) $40 \div 9 =$ ____ … ____
(22) $10 \div 3 =$ ____ … ____
(23) $33 \div 4 =$ ____ … ____
(24) $16 \div 5 =$ ____ … ____

2. 나눗셈의 몫과 나머지를 구하시오.

(1) $43 \div 5 =$ ____ … ____
(2) $52 \div 7 =$ ____ … ____
(3) $49 \div 6 =$ ____ … ____
(4) $57 \div 9 =$ ____ … ____
(5) $12 \div 5 =$ ____ … ____
(6) $62 \div 7 =$ ____ … ____
(7) $13 \div 9 =$ ____ … ____
(8) $32 \div 7 =$ ____ … ____
(9) $41 \div 5 =$ ____ … ____
(10) $20 \div 6 =$ ____ … ____
(11) $10 \div 8 =$ ____ … ____
(12) $51 \div 7 =$ ____ … ____
(13) $48 \div 5 =$ ____ … ____
(14) $15 \div 8 =$ ____ … ____
(15) $22 \div 7 =$ ____ … ____
(16) $69 \div 7 =$ ____ … ____
(17) $80 \div 9 =$ ____ … ____
(18) $26 \div 5 =$ ____ … ____
(19) $64 \div 7 =$ ____ … ____
(20) $57 \div 8 =$ ____ … ____
(21) $19 \div 2 =$ ____ … ____
(22) $13 \div 3 =$ ____ … ____
(23) $53 \div 9 =$ ____ … ____
(24) $37 \div 7 =$ ____ … ____

19회

나눗셈 복습

몫 : 한 자리 수,
나머지 있음 (4)

월 일 이름

표준 완성 시간 4~5분

평가				
오답수	아주 잘함 : 0~2	잘함 : 3~5	보통 : 6~8	노력 바람 : 9~

부모 확인란

1. 나눗셈의 몫과 나머지를 구하시오.

(1) $23 \div 7 =$ 3 … 2
(2) $16 \div 9 =$ ___ … ___
(3) $70 \div 8 =$ ___ … ___
(4) $22 \div 8 =$ ___ … ___
(5) $43 \div 7 =$ ___ … ___
(6) $30 \div 9 =$ ___ … ___
(7) $27 \div 6 =$ ___ … ___
(8) $14 \div 3 =$ ___ … ___
(9) $12 \div 9 =$ ___ … ___
(10) $44 \div 7 =$ ___ … ___
(11) $11 \div 2 =$ ___ … ___
(12) $54 \div 7 =$ ___ … ___
(13) $20 \div 6 =$ ___ … ___
(14) $68 \div 9 =$ ___ … ___
(15) $44 \div 5 =$ ___ … ___
(16) $61 \div 9 =$ ___ … ___
(17) $25 \div 4 =$ ___ … ___
(18) $47 \div 8 =$ ___ … ___
(19) $40 \div 7 =$ ___ … ___
(20) $14 \div 6 =$ ___ … ___
(21) $78 \div 9 =$ ___ … ___
(22) $70 \div 9 =$ ___ … ___
(23) $31 \div 7 =$ ___ … ___
(24) $69 \div 8 =$ ___ … ___

2. 나눗셈의 몫과 나머지를 구하시오.

(1) $25 \div 9 =$ ___ … ___
(2) $43 \div 9 =$ ___ … ___
(3) $50 \div 6 =$ ___ … ___
(4) $57 \div 8 =$ ___ … ___
(5) $55 \div 9 =$ ___ … ___
(6) $23 \div 4 =$ ___ … ___
(7) $10 \div 3 =$ ___ … ___
(8) $17 \div 2 =$ ___ … ___
(9) $31 \div 8 =$ ___ … ___
(10) $43 \div 8 =$ ___ … ___
(11) $51 \div 9 =$ ___ … ___
(12) $26 \div 3 =$ ___ … ___
(13) $13 \div 5 =$ ___ … ___
(14) $40 \div 9 =$ ___ … ___
(15) $66 \div 8 =$ ___ … ___
(16) $59 \div 7 =$ ___ … ___
(17) $10 \div 9 =$ ___ … ___
(18) $18 \div 7 =$ ___ … ___
(19) $47 \div 5 =$ ___ … ___
(20) $39 \div 7 =$ ___ … ___
(21) $15 \div 6 =$ ___ … ___
(22) $25 \div 9 =$ ___ … ___
(23) $55 \div 6 =$ ___ … ___
(24) $33 \div 7 =$ ___ … ___

월 일 이름

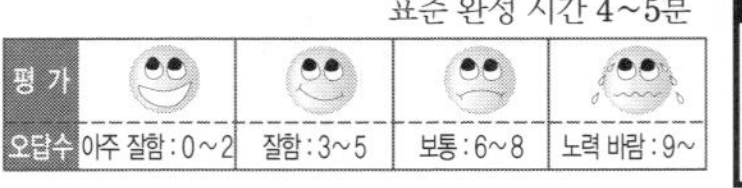

표준 완성 시간 4~5분

평가				
오답수	아주 잘함 : 0~2	잘함 : 3~5	보통 : 6~8	노력 바람 : 9~

부모 확인란

1. 나눗셈의 몫과 나머지를 구하시오.

(1) 11÷4= 2 … 3
(2) 12÷5= ___ … ___
(3) 17÷8= ___ … ___
(4) 62÷8= ___ … ___
(5) 11÷3= ___ … ___
(6) 27÷6= ___ … ___
(7) 21÷9= ___ … ___
(8) 49÷9= ___ … ___
(9) 15÷9= ___ … ___
(10) 31÷6= ___ … ___
(11) 12÷7= ___ … ___
(12) 73÷9= ___ … ___
(13) 25÷8= ___ … ___
(14) 39÷4= ___ … ___
(15) 21÷8= ___ … ___
(16) 53÷6= ___ … ___
(17) 34÷9= ___ … ___
(18) 33÷8= ___ … ___
(19) 40÷6= ___ … ___
(20) 80÷9= ___ … ___
(21) 53÷8= ___ … ___
(22) 46÷7= ___ … ___
(23) 64÷7= ___ … ___
(24) 38÷9= ___ … ___

2. 나눗셈의 몫과 나머지를 구하시오.

(1) 54÷7= ___ … ___
(2) 45÷6= ___ … ___
(3) 17÷4= ___ … ___
(4) 51÷6= ___ … ___
(5) 73÷8= ___ … ___
(6) 26÷7= ___ … ___
(7) 13÷3= ___ … ___
(8) 78÷9= ___ … ___
(9) 27÷7= ___ … ___
(10) 14÷8= ___ … ___
(11) 13÷9= ___ … ___
(12) 58÷7= ___ … ___
(13) 11÷6= ___ … ___
(14) 21÷9= ___ … ___
(15) 28÷5= ___ … ___
(16) 34÷7= ___ … ___
(17) 15÷7= ___ … ___
(18) 11÷5= ___ … ___
(19) 30÷8= ___ … ___
(20) 49÷8= ___ … ___
(21) 13÷2= ___ … ___
(22) 47÷6= ___ … ___
(23) 46÷9= ___ … ___
(24) 33÷5= ___ … ___

21회 나눗셈 복습

몫 : 한 자리 수, 나머지 있음 (6)

월

일 이름

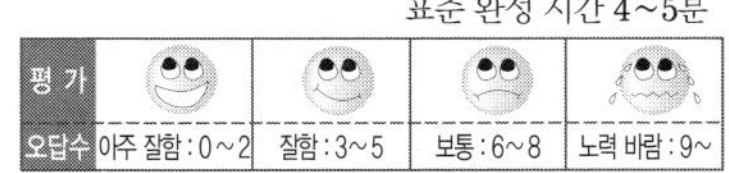

평가				
오답수	아주 잘함 : 0~2	잘함 : 3~5	보통 : 6~8	노력 바람 : 9~

표준 완성 시간 4~5분

부모 확인란

1. 나눗셈의 몫과 나머지를 구하시오.

(1) 19÷3= 6 … 1
(2) 51÷9= ___ … ___
(3) 10÷7= ___ … ___
(4) 13÷2= ___ … ___
(5) 57÷7= ___ … ___
(6) 28÷6= ___ … ___
(7) 30÷9= ___ … ___
(8) 35÷8= ___ … ___
(9) 66÷8= ___ … ___
(10) 19÷7= ___ … ___
(11) 43÷9= ___ … ___
(12) 60÷8= ___ … ___
(13) 49÷6= ___ … ___
(14) 33÷7= ___ … ___
(15) 44÷5= ___ … ___
(16) 36÷7= ___ … ___
(17) 52÷9= ___ … ___
(18) 19÷8= ___ … ___
(19) 60÷7= ___ … ___
(20) 20÷3= ___ … ___
(21) 22÷6= ___ … ___
(22) 38÷7= ___ … ___
(23) 50÷9= ___ … ___
(24) 26÷9= ___ … ___

2. 나눗셈의 몫과 나머지를 구하시오.

(1) 49÷8= ___ … ___
(2) 43÷6= ___ … ___
(3) 11÷4= ___ … ___
(4) 15÷9= ___ … ___
(5) 31÷7= ___ … ___
(6) 80÷9= ___ … ___
(7) 26÷3= ___ … ___
(8) 61÷7= ___ … ___
(9) 53÷6= ___ … ___
(10) 33÷9= ___ … ___
(11) 27÷5= ___ … ___
(12) 29÷7= ___ … ___
(13) 56÷9= ___ … ___
(14) 50÷7= ___ … ___
(15) 22÷3= ___ … ___
(16) 49÷6= ___ … ___
(17) 59÷9= ___ … ___
(18) 15÷6= ___ … ___
(19) 11÷6= ___ … ___
(20) 21÷9= ___ … ___
(21) 51÷7= ___ … ___
(22) 14÷8= ___ … ___
(23) 37÷9= ___ … ___
(24) 57÷9= ___ … ___

나눗셈 1 (두 자리 수)÷(한 자리 수) (1)

월 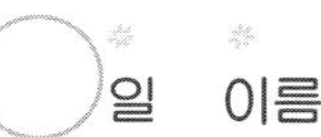일 이름

표준 완성 시간 3~4분

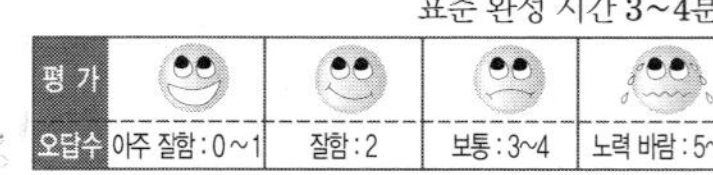

평가
오답수
아주 잘함 : 0~1
잘함 : 2
보통 : 3~4
노력 바람 : 5~

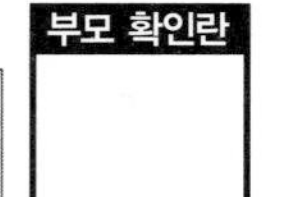

1. 나눗셈을 하시오.

(1) $8\overline{)16}$ (예: 몫 2, 16, 0)

(2) $4\overline{)24}$

(3) $2\overline{)10}$

(4) $6\overline{)36}$

(5) $5\overline{)25}$

(6) $9\overline{)54}$

(7) $3\overline{)21}$

(8) $7\overline{)42}$

(9) $6\overline{)54}$

(10) $9\overline{)36}$

(11) $7\overline{)28}$

(12) $5\overline{)40}$

2. 나눗셈을 하시오.

(1) $9\overline{)35}$

(2) $4\overline{)21}$

(3) $7\overline{)43}$

(4) $8\overline{)13}$

(5) $3\overline{)17}$

(6) $6\overline{)46}$

(7) $5\overline{)47}$

(8) $2\overline{)17}$

(9) $8\overline{)68}$

(10) $9\overline{)59}$

(11) $3\overline{)28}$

(12) $4\overline{)33}$

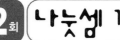

나눗셈 1

(두 자리 수)÷(한 자리 수) (2)

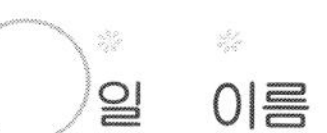

월 일 이름

표준 완성 시간 4~5분

평가				
오답수	아주 잘함 : 0~2	잘함 : 3~4	보통 : 5~6	노력 바람 : 7~

부모 확인란

1. 나눗셈을 하시오.

(1) 1)1 5 (quotient: 1 5; work: 1, 5, 5, 0)

(2) 2)2 4

(3) 6)8 4

(4) 8)8 8

(5) 7)9 8

(6) 5)7 0

(7) 9)9 9

(8) 3)6 3

(9) 4)5 6

(10) 7)8 6

(11) 5)9 2

(12) 3)4 4

2. 나눗셈을 하시오.

(1) 7)8 7

(2) 9)9 5

(3) 3)4 3

(4) 6)7 6

(5) 2)3 2

(6) 8)8 2

(7) 4)5 0

(8) 3)3 9

(9) 5)7 3

(10) 6)6 0

(11) 8)9 8

(12) 7)9 3

월 일 이름

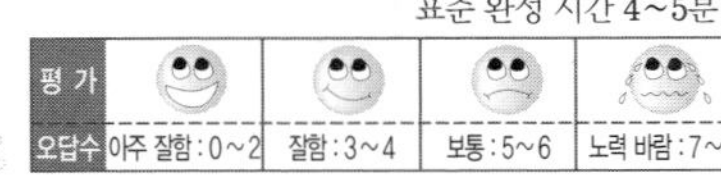

표준 완성 시간 4~5분

평가				
오답수	아주 잘함 : 0~2	잘함 : 3~4	보통 : 5~6	노력 바람 : 7~

부모 확인란

1. 나눗셈을 하시오.

(1) $3\overline{)86}$ (예시: 몫 28, 6, 26, 24, 나머지 2)

(2) $6\overline{)95}$

(3) $8\overline{)92}$

(4) $4\overline{)93}$

(5) $7\overline{)83}$

(6) $2\overline{)77}$

(7) $9\overline{)97}$

(8) $5\overline{)68}$

(9) $3\overline{)64}$

(10) $6\overline{)74}$

(11) $2\overline{)99}$

(12) $7\overline{)79}$

2. 나눗셈을 하시오.

(1) $6\overline{)76}$

(2) $7\overline{)89}$

(3) $3\overline{)65}$

(4) $2\overline{)81}$

(5) $4\overline{)54}$

(6) $8\overline{)87}$

(7) $5\overline{)53}$

(8) $4\overline{)86}$

(9) $6\overline{)91}$

(10) $7\overline{)78}$

(11) $3\overline{)74}$

(12) $8\overline{)94}$

나눗셈 1 (두 자리 수)÷(한 자리 수) (4)

월 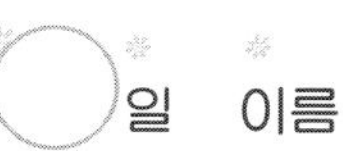일 이름

표준 완성 시간 4~5분

평 가				
오답수	아주 잘함 : 0~2	잘함 : 3~4	보통 : 5~6	노력 바람 : 7~

부모 확인란

1. 나눗셈을 하시오.

(1) 6)67 (예시: 몫 11; 6, 7, 6, 1)

(2) 7)84

(3) 3)47

(4) 2)36

(5) 8)89

(6) 4)51

(7) 9)81

(8) 1)42

(9) 5)68

(10) 7)96

(11) 2)75

(12) 8)98

2. 나눗셈을 하시오.

(1) 6)90

(2) 3)87

(3) 8)96

(4) 2)93

(5) 5)65

(6) 4)58

(7) 7)95

(8) 1)77

(9) 9)94

(10) 3)56

(11) 5)83

(12) 6)74

26회 나눗셈 1 (세 자리 수)÷(한 자리 수) (1)

월 일 이름

표준 완성 시간 4~5분

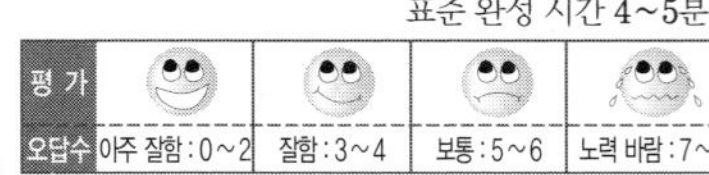

평가				
오답수	아주 잘함 : 0~2	잘함 : 3~4	보통 : 5~6	노력 바람 : 7~

부모 확인란

1. 나눗셈을 하시오.

(1) 5)625 (예시: 몫 125; 5, 12, 10, 25, 25, 0)

(2) 7)826

(3) 2)568

(4) 1)764

(5) 9)981

(6) 3)864

(7) 8)920

(8) 4)656

(9) 6)792

2. 나눗셈을 하시오.

(1) 4)715

(2) 7)985

(3) 3)535

(4) 6)812

(5) 2)469

(6) 6)676

(7) 8)865

(8) 5)673

(9) 4)822

27회 나눗셈 1 (세 자리 수)÷(한 자리 수) (2)

월

일 이름

표준 완성 시간 4~5분

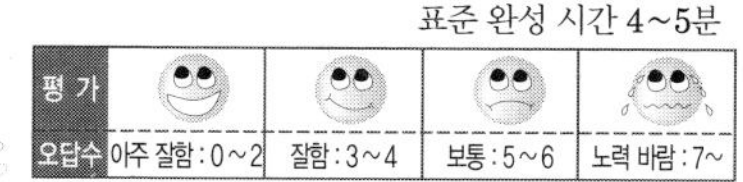

평가				
오답수	아주 잘함 : 0~2	잘함 : 3~4	보통 : 5~6	노력 바람 : 7~

부모 확인란

1. 나눗셈을 하시오.

(1) $1\overline{)269}$ (예시 풀이: 몫 269; 2, 6, 6, 9, 9, 0)

(2) $7\overline{)756}$

(3) $5\overline{)535}$

(4) $9\overline{)918}$

(5) $4\overline{)424}$

(6) $2\overline{)412}$

(7) $3\overline{)617}$

(8) $6\overline{)646}$

(9) $8\overline{)871}$

2. 나눗셈을 하시오.

(1) $2\overline{)482}$

(2) $7\overline{)986}$

(3) $4\overline{)834}$

(4) $1\overline{)832}$

(5) $9\overline{)993}$

(6) $6\overline{)736}$

(7) $5\overline{)624}$

(8) $3\overline{)628}$

(9) $8\overline{)922}$

나눗셈 1 (세 자리 수)÷(한 자리 수) (3)

월 일 이름

표준 완성 시간 4~5분

평가				
오답수	아주 잘함 : 0~2	잘함 : 3~4	보통 : 5~6	노력 바람 : 7~

부모 확인란

1. 나눗셈을 하시오.

(1)
```
    6 2
4)2 4 8
  2 4
      8
      8
      0
```

(2) 9)756

(3) 5)415

(4) 6)492

(5) 2)172

(6) 8)344

(7) 4)338

(8) 7)578

(9) 3)223

2. 나눗셈을 하시오.

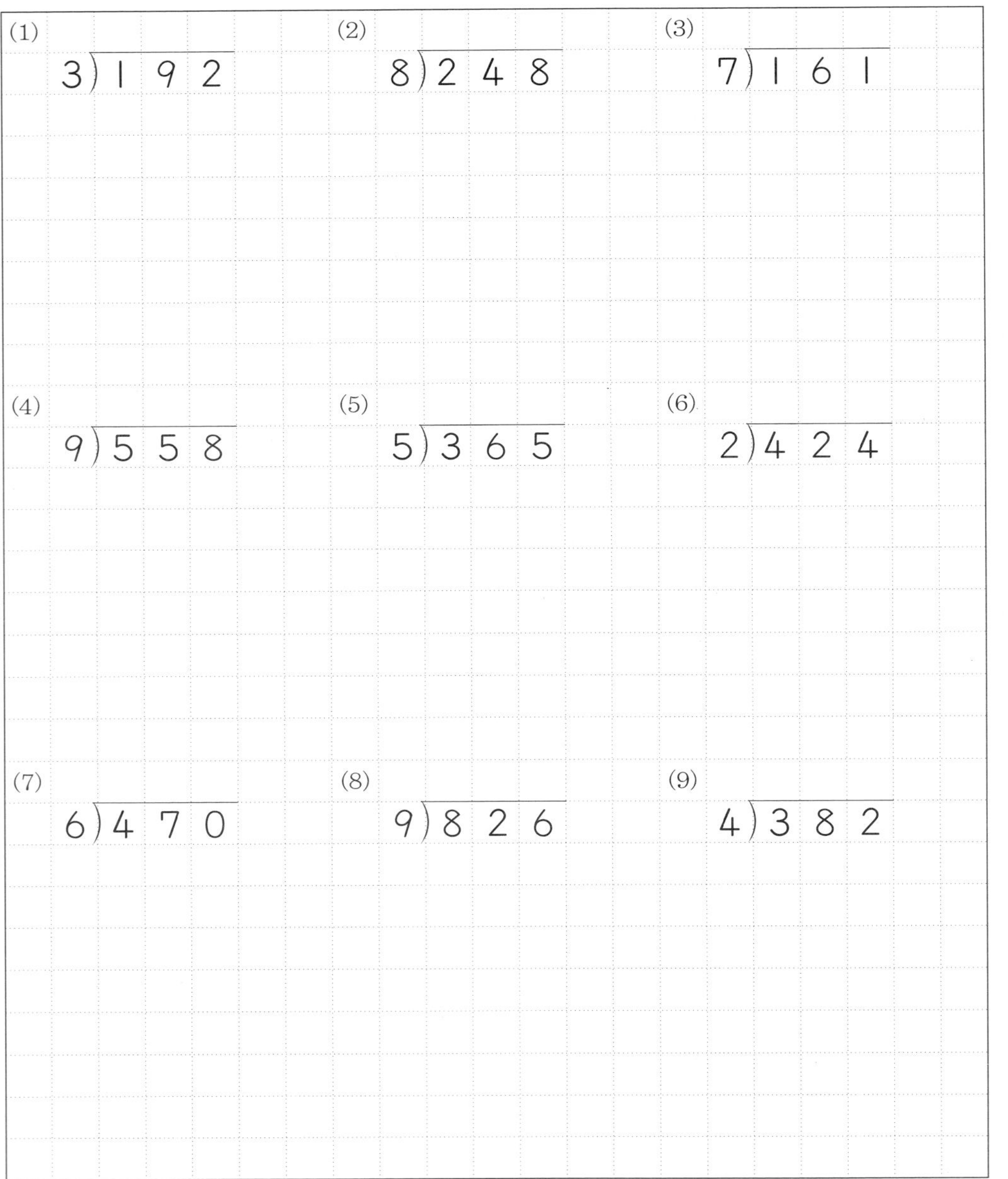

나눗셈 1

(세 자리 수)÷(한 자리 수) (4)

월

일 이름

표준 완성 시간 4~5분

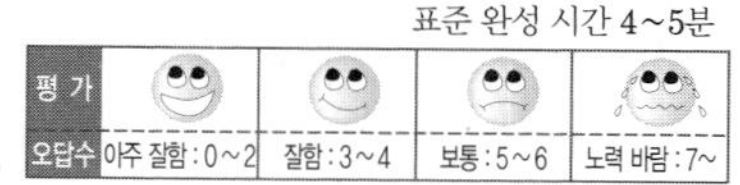

부모 확인란

1. 나눗셈을 하시오.

(1) 4)376 (example: 94; 36; 16; 16; 0)

(2) 7)392

(3) 3)626

(4) 9)774

(5) 1)532

(6) 6)360

(7) 2)189

(8) 8)857

(9) 5)507

2. 나눗셈을 하시오.

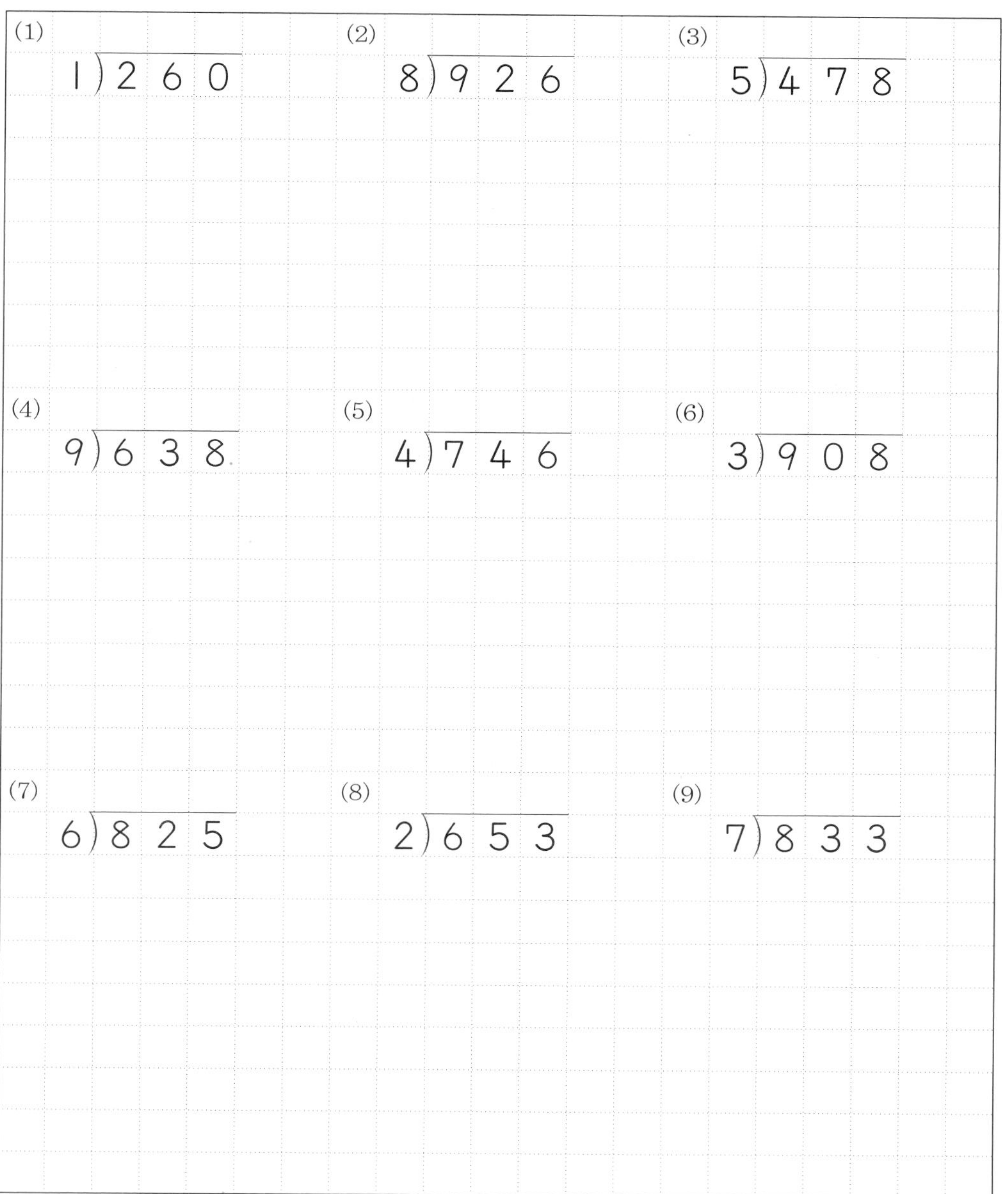

(1) 1)260

(2) 8)926

(3) 5)478

(4) 9)638

(5) 4)746

(6) 3)908

(7) 6)825

(8) 2)653

(9) 7)833

표준 완성 시간 4~5분

평가				
오답수	아주 잘함 : 0~2	잘함 : 3~5	보통 : 6~8	노력 바람 : 9~

부모 확인란

1. 분수의 덧셈을 하시오.

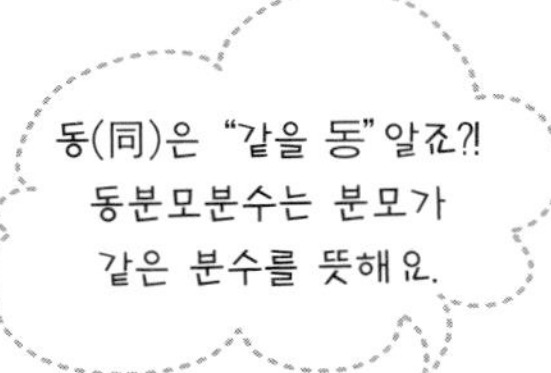

동(同)은 "같을 동" 알죠?!
동분모분수는 분모가
같은 분수를 뜻해요.

(1) $\frac{1}{3}+\frac{1}{3}=\frac{2}{3}$

(2) $\frac{3}{8}+\frac{2}{8}=$ □

(3) $\frac{4}{6}+\frac{1}{6}=$ □

(4) $\frac{1}{5}+\frac{3}{5}=$ □

(5) $\frac{3}{19}+\frac{15}{19}=$ □

(6) $\frac{4}{10}+\frac{3}{10}=$ □

(7) $\frac{11}{18}+\frac{5}{18}=$ □

(8) $\frac{5}{15}+\frac{4}{15}=$ □

(9) $\frac{3}{11}+\frac{2}{11}=$ □

(10) $\frac{13}{19}+\frac{4}{19}=$ □

(11) $\frac{7}{12}+\frac{4}{12}=$ □

(12) $\frac{5}{13}+\frac{5}{13}=$ □

(13) $\frac{4}{21}+\frac{7}{21}=$ □

(14) $\frac{5}{16}+\frac{8}{16}=$ □

(15) $\frac{5}{17}+\frac{9}{17}=$ □

(16) $\frac{9}{25}+\frac{13}{25}=$ □

(17) $\frac{7}{14}+\frac{2}{14}=$ □

2. 분수의 덧셈을 하시오.

(1) $\frac{3}{7}+\frac{3}{7}=$ □

(2) $\frac{3}{5}+\frac{1}{5}=$ □

(3) $\frac{2}{4}+\frac{1}{4}=$ □

(4) $\frac{1}{6}+\frac{4}{6}=$ □

(5) $\frac{3}{8}+\frac{4}{8}=$ □

(6) $\frac{5}{9}+\frac{2}{9}=$ □

(7) $\frac{7}{24}+\frac{12}{24}=$ □

(8) $\frac{6}{10}+\frac{1}{10}=$ □

(9) $\frac{5}{14}+\frac{7}{14}=$ □

(10) $\frac{4}{19}+\frac{14}{19}=$ □

(11) $\frac{11}{17}+\frac{1}{17}=$ □

(12) $\frac{6}{10}+\frac{3}{10}=$ □

(13) $\frac{2}{11}+\frac{5}{11}=$ □

(14) $\frac{5}{23}+\frac{15}{23}=$ □

(15) $\frac{2}{15}+\frac{11}{15}=$ □

(16) $\frac{13}{18}+\frac{4}{18}=$ □

(17) $\frac{1}{10}+\frac{2}{10}=$ □

(18) $\frac{4}{15}+\frac{7}{15}=$ □

(19) $\frac{2}{19}+\frac{15}{19}=$ □

(20) $\frac{13}{16}+\frac{2}{16}=$ □

31회 분수의 덧셈

동분모분수의 덧셈 (2)

월 일 이름

표준 완성 시간 4~5분

평가				
오답수	아주 잘함 : 0~2	잘함 : 3~5	보통 : 6~8	노력 바람 : 9~

부모 확인란

1. 분수의 덧셈을 하시오.

(1) $\frac{2}{8}+\frac{1}{8}=\boxed{\frac{3}{8}}$

(2) $\frac{1}{5}+\frac{2}{5}=\square$

(3) $\frac{2}{7}+\frac{2}{7}=\square$

(4) $\frac{1}{9}+\frac{1}{9}=\square$

(5) $\frac{6}{18}+\frac{7}{18}=\square$

(6) $\frac{2}{10}+\frac{5}{10}=\square$

(7) $\frac{4}{15}+\frac{3}{15}=\square$

(8) $\frac{12}{17}+\frac{3}{17}=\square$

(9) $\frac{3}{19}+\frac{5}{19}=\square$

(10) $\frac{5}{13}+\frac{4}{13}=\square$

(11) $\frac{3}{11}+\frac{5}{11}=\square$

(12) $\frac{7}{15}+\frac{7}{15}=\square$

(13) $\frac{5}{28}+\frac{8}{28}=\square$

(14) $\frac{7}{16}+\frac{5}{16}=\square$

(15) $\frac{5}{11}+\frac{5}{11}=\square$

(16) $\frac{11}{26}+\frac{8}{26}=\square$

(17) $\frac{7}{16}+\frac{4}{16}=\square$

(18) $\frac{5}{10}+\frac{4}{10}=\square$

(19) $\frac{7}{18}+\frac{8}{18}=\square$

(20) $\frac{4}{32}+\frac{5}{32}=\square$

2. 분수의 덧셈을 하시오.

(1) $\frac{2}{9}+\frac{2}{9}=\square$

(2) $\frac{3}{7}+\frac{2}{7}=\square$

(3) $\frac{4}{8}+\frac{3}{8}=\square$

(4) $\frac{4}{6}+\frac{1}{6}=\square$

(5) $\frac{7}{30}+\frac{4}{30}=\square$

(6) $\frac{9}{16}+\frac{2}{16}=\square$

(7) $\frac{4}{18}+\frac{13}{18}=\square$

(8) $\frac{3}{12}+\frac{4}{12}=\square$

(9) $\frac{12}{19}+\frac{3}{19}=\square$

(10) $\frac{4}{15}+\frac{7}{15}=\square$

(11) $\frac{1}{29}+\frac{7}{29}=\square$

(12) $\frac{5}{13}+\frac{6}{13}=\square$

(13) $\frac{7}{18}+\frac{5}{18}=\square$

(14) $\frac{13}{29}+\frac{14}{29}=\square$

(15) $\frac{3}{17}+\frac{7}{17}=\square$

(16) $\frac{3}{14}+\frac{9}{14}=\square$

(17) $\frac{4}{13}+\frac{7}{13}=\square$

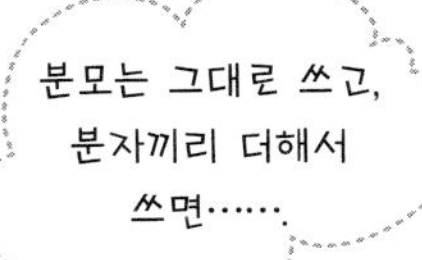

분모는 그대로 쓰고,
분자끼리 더해서
쓰면……

월 일 이름

표준 완성 시간 4~5분

평가				
오답수	아주 잘함 : 0~2	잘함 : 3~5	보통 : 6~8	노력 바람 : 9~

부모 확인란

1. 분수의 덧셈을 하고, 답은 대분수로 나타내시오.

(1) $\frac{4}{5}+\frac{2}{5}=\frac{6}{5}=1\frac{1}{5}$ (2) $\frac{4}{7}+\frac{5}{7}=$

(3) $\frac{2}{8}+\frac{7}{8}=$ (4) $\frac{5}{6}+\frac{4}{6}=$

(5) $\frac{3}{4}+\frac{2}{4}=$ (6) $\frac{2}{3}+\frac{2}{3}=$

(7) $\frac{8}{10}+\frac{9}{10}=$ (8) $\frac{6}{11}+\frac{8}{11}=$

(9) $\frac{12}{19}+\frac{17}{19}=$ (10) $\frac{5}{13}+\frac{9}{13}=$

(11) $\frac{16}{17}+\frac{14}{17}=$ (12) $\frac{7}{11}+\frac{8}{11}=$

(13) $\frac{11}{12}+\frac{11}{12}=$ (14) $\frac{16}{18}+\frac{5}{18}=$

(15) $\frac{12}{16}+\frac{9}{16}=$ (16) $\frac{6}{19}+\frac{18}{19}=$

(17) $\frac{12}{13}+\frac{5}{13}=$ (18) $\frac{3}{15}+\frac{14}{15}=$

(19) $\frac{5}{14}+\frac{13}{14}=$ (20) $\frac{9}{10}+\frac{4}{10}=$

2. 분수의 덧셈을 하고, 답은 대분수로 나타내시오.

(1) $\frac{2}{4}+\frac{3}{4}=\frac{5}{4}=1\frac{1}{4}$ (2) $\frac{6}{7}+\frac{3}{7}=$

(3) $\frac{3}{8}+\frac{6}{8}=$ (4) $\frac{4}{5}+\frac{4}{5}=$

(5) $\frac{3}{6}+\frac{4}{6}=$ (6) $\frac{7}{12}+\frac{9}{12}=$

(7) $\frac{8}{9}+\frac{5}{9}=$ (8) $\frac{5}{10}+\frac{8}{10}=$

(9) $\frac{7}{13}+\frac{8}{13}=$ (10) $\frac{7}{11}+\frac{10}{11}=$

(11) $\frac{11}{15}+\frac{8}{15}=$ (12) $\frac{8}{12}+\frac{11}{12}=$

(13) $\frac{9}{10}+\frac{2}{10}=$ (14) $\frac{6}{18}+\frac{17}{18}=$

(15) $\frac{8}{19}+\frac{18}{19}=$

(16) $\frac{13}{20}+\frac{14}{20}=$

(17) $\frac{16}{17}+\frac{6}{17}=$

월
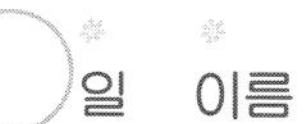
일 이름

표준 완성 시간 4~5분

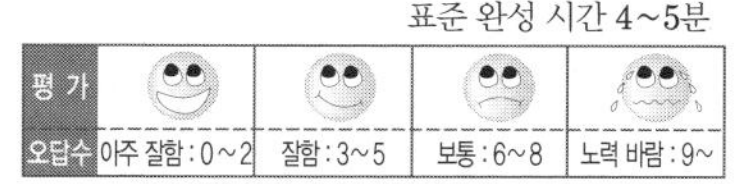

평가				
오답수	아주 잘함 : 0~2	잘함 : 3~5	보통 : 6~8	노력 바람 : 9~

부모 확인란

1. 분수의 덧셈을 하고, 답은 대분수로 나타내시오.

(1) $\frac{4}{8}+\frac{7}{8}=\frac{11}{8}=1\frac{3}{8}$

(2) $\frac{4}{5}+\frac{3}{5}=$

(3) $\frac{6}{9}+\frac{5}{9}=$

(4) $\frac{3}{7}+\frac{6}{7}=$

(5) $\frac{9}{11}+\frac{10}{11}=$

(6) $\frac{12}{16}+\frac{14}{16}=$

(7) $\frac{7}{13}+\frac{12}{13}=$

(8) $\frac{9}{12}+\frac{8}{12}=$

(9) $\frac{10}{14}+\frac{13}{14}=$

(10) $\frac{5}{18}+\frac{14}{18}=$

(11) $\frac{3}{10}+\frac{8}{10}=$

(12) $\frac{15}{16}+\frac{9}{16}=$

(13) $\frac{7}{14}+\frac{9}{14}=$

(14) $\frac{9}{11}+\frac{7}{11}=$

(15) $\frac{13}{22}+\frac{12}{22}=$

(16) $\frac{15}{19}+\frac{9}{19}=$

(17) $\frac{16}{17}+\frac{13}{17}=$

(18) $\frac{5}{10}+\frac{6}{10}=$

(19) $\frac{9}{13}+\frac{7}{13}=$

(20) $\frac{9}{17}+\frac{15}{17}=$

2. 분수의 덧셈을 하고, 답은 대분수로 나타내시오.

(1) $\frac{6}{7}+\frac{4}{7}=\frac{10}{7}=1\frac{3}{7}$

(2) $\frac{4}{9}+\frac{7}{9}=$

(3) $\frac{6}{8}+\frac{5}{8}=$

(4) $\frac{2}{5}+\frac{4}{5}=$

(5) $\frac{8}{15}+\frac{14}{15}=$

(6) $\frac{7}{12}+\frac{11}{12}=$

(7) $\frac{13}{24}+\frac{16}{24}=$

(8) $\frac{6}{10}+\frac{7}{10}=$

(9) $\frac{4}{16}+\frac{13}{16}=$

(10) $\frac{12}{17}+\frac{16}{17}=$

(11) $\frac{6}{11}+\frac{7}{11}=$

(12) $\frac{4}{18}+\frac{15}{18}=$

(13) $\frac{8}{16}+\frac{11}{16}=$

(14) $\frac{15}{19}+\frac{18}{19}=$

(15) $\frac{9}{10}+\frac{8}{10}=$

(16) $\frac{7}{13}+\frac{9}{13}=$

(17) $\frac{8}{19}+\frac{16}{19}=$

(18) $\frac{5}{11}+\frac{7}{11}=$

(19) $\frac{14}{15}+\frac{14}{15}=$

(20) $\frac{8}{18}+\frac{17}{18}=$

분수의 덧셈

동분모분수의 덧셈 (5)

월 일 이름

표준 완성 시간 4~5분

평가				
오답수	아주 잘함 : 0~2	잘함 : 3~5	보통 : 6~8	노력 바람 : 9~

부모 확인란

1. 분수의 덧셈을 하고, 답은 대분수로 나타내시오.

(1) $\frac{6}{9}+\frac{7}{9}=\frac{13}{9}=1\frac{4}{9}$

(2) $\frac{4}{6}+\frac{5}{6}=$

(3) $\frac{4}{10}+\frac{7}{10}=$

(4) $\frac{7}{12}+\frac{10}{12}=$

(5) $\frac{6}{20}+\frac{15}{20}=$

(6) $\frac{5}{17}+\frac{16}{17}=$

(7) $\frac{7}{13}+\frac{11}{13}=$

(8) $\frac{16}{18}+\frac{3}{18}=$

(9) $\frac{10}{11}+\frac{10}{11}=$

(10) $\frac{15}{17}+\frac{5}{17}=$

(11) $\frac{13}{14}+\frac{11}{14}=$

(12) $\frac{8}{10}+\frac{5}{10}=$

(13) $\frac{7}{18}+\frac{14}{18}=$

(14) $\frac{12}{15}+\frac{11}{15}=$

(15) $\frac{10}{12}+\frac{3}{12}=$

(16) $\frac{14}{15}+\frac{11}{15}=$

(17) $\frac{6}{17}+\frac{12}{17}=$

(18) $\frac{8}{19}+\frac{13}{19}=$

(19) $\frac{2}{10}+\frac{9}{10}=$

(20) $\frac{4}{11}+\frac{9}{11}=$

2. 분수의 덧셈을 하고, 답은 대분수로 나타내시오.

(1) $\frac{4}{8}+\frac{7}{8}=\frac{11}{8}=1\frac{3}{8}$

(2) $\frac{2}{3}+\frac{2}{3}=$

(3) $\frac{8}{14}+\frac{10}{14}=$

(4) $\frac{6}{17}+\frac{15}{17}=$

(5) $\frac{13}{19}+\frac{8}{19}=$

(6) $\frac{7}{10}+\frac{9}{10}=$

(7) $\frac{12}{15}+\frac{13}{15}=$

(8) $\frac{6}{18}+\frac{17}{18}=$

(9) $\frac{9}{11}+\frac{5}{11}=$

(10) $\frac{16}{17}+\frac{13}{17}=$

(11) $\frac{18}{25}+\frac{23}{25}=$

(12) $\frac{9}{12}+\frac{11}{12}=$

(13) $\frac{18}{19}+\frac{12}{19}=$

(14) $\frac{13}{16}+\frac{13}{16}=$

(15) $\frac{7}{10}+\frac{6}{10}=$

(16) $\frac{12}{13}+\frac{10}{13}=$

(17) $\frac{13}{17}+\frac{15}{17}=$

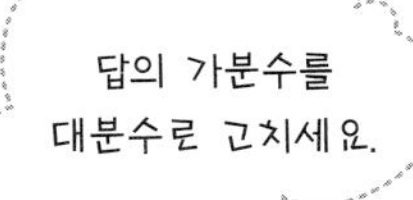

분수의 덧셈

동분모분수의 덧셈 (6)

월 일 이름

표준 완성 시간 4~5분

평가				
오답수	아주 잘함 : 0~2	잘함 : 3~5	보통 : 6~8	노력 바람 : 9~

부모 확인란

1. 분수의 덧셈을 하시오.

(1) $1\frac{1}{5}+2\frac{3}{5}=$ $3\frac{4}{5}$

(2) $2\frac{2}{6}+1\frac{3}{6}=$ □

(3) $3\frac{2}{9}+2\frac{5}{9}=$ □

(4) $1\frac{3}{7}+2\frac{2}{7}=$ □

(5) $3\frac{3}{8}+3\frac{2}{8}=$ □

(6) $1\frac{1}{3}+1\frac{1}{3}=$ □

(7) $2\frac{1}{4}+5\frac{2}{4}=$ □

(8) $3\frac{4}{7}+1\frac{1}{7}=$ □

(9) $4\frac{5}{10}+1\frac{2}{10}=$ □

(10) $3\frac{1}{11}+2\frac{5}{11}=$ □

(11) $2\frac{3}{15}+5\frac{4}{15}=$ □

(12) $6\frac{1}{14}+3\frac{4}{14}=$ □

(13) $3\frac{3}{11}+5\frac{4}{11}=$ □

(14) $2\frac{4}{16}+3\frac{1}{16}=$ □

(15) $1\frac{3}{19}+1\frac{2}{19}=$ □

(16) $5\frac{4}{10}+5\frac{5}{10}=$ □

(17) $1\frac{2}{14}+2\frac{11}{14}=$ □

(18) $2\frac{12}{15}+5\frac{2}{15}=$ □

(19) $1\frac{13}{16}+4\frac{2}{16}=$ □

(20) $2\frac{11}{13}+1\frac{1}{13}=$ □

2. 분수의 덧셈을 하시오.

(1) $2\frac{1}{3}+2\frac{1}{3}=$ □

(2) $2\frac{3}{8}+1\frac{4}{8}=$ □

(3) $1\frac{1}{9}+3\frac{3}{9}=$ □

(4) $2\frac{2}{4}+3\frac{1}{4}=$ □

(5) $5\frac{1}{5}+5\frac{1}{5}=$ □

(6) $2\frac{2}{6}+3\frac{3}{6}=$ □

(7) $1\frac{3}{10}+3\frac{4}{10}=$ □

(8) $5\frac{4}{17}+2\frac{11}{17}=$ □

(9) $1\frac{2}{18}+2\frac{11}{18}=$ □

(10) $2\frac{3}{11}+6\frac{6}{11}=$ □

(11) $3\frac{12}{15}+1\frac{1}{15}=$ □

(12) $3\frac{4}{19}+6\frac{11}{19}=$ □

(13) $2\frac{2}{10}+4\frac{7}{10}=$ □

(14) $4\frac{11}{16}+4\frac{4}{16}=$ □

(15) $3\frac{3}{17}+1\frac{11}{17}=$ □

(16) $3\frac{2}{15}+2\frac{12}{15}=$ □

(17) $4\frac{5}{18}+2\frac{8}{18}=$ □

(18) $5\frac{1}{11}+1\frac{6}{11}=$ □

(19) $4\frac{5}{10}+3\frac{4}{10}=$ □

(20) $6\frac{6}{13}+2\frac{4}{13}=$ □

분수의 덧셈

동분모분수의 덧셈 (7)

월 일 이름

표준 완성 시간 4~5분

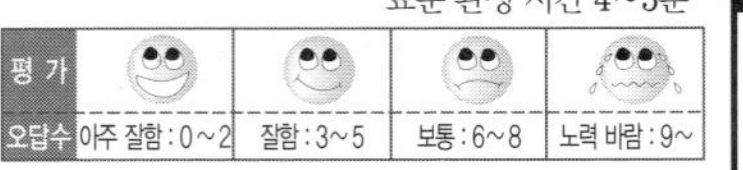

평가				
오답수	아주 잘함 : 0~2	잘함 : 3~5	보통 : 6~8	노력 바람 : 9~

부모 확인란

1. 분수의 덧셈을 하시오.

(1) $1\frac{3}{8}+4\frac{2}{8}=5\frac{5}{8}$

(2) $2\frac{1}{5}+7\frac{1}{5}=\square$

(3) $2\frac{1}{6}+8\frac{4}{6}=\square$

(4) $2\frac{1}{3}+3\frac{1}{3}=\square$

(5) $3\frac{4}{9}+3\frac{4}{9}=\square$

(6) $2\frac{1}{7}+3\frac{3}{7}=\square$

(7) $5\frac{5}{10}+2\frac{2}{10}=\square$

(8) $2\frac{2}{14}+1\frac{9}{14}=\square$

(9) $5\frac{11}{15}+5\frac{2}{15}=\square$

(10) $1\frac{1}{13}+2\frac{3}{13}=\square$

(11) $6\frac{5}{11}+5\frac{5}{11}=\square$

(12) $3\frac{2}{18}+2\frac{13}{18}=\square$

(13) $1\frac{2}{17}+6\frac{14}{17}=\square$

(14) $3\frac{11}{19}+2\frac{4}{19}=\square$

(15) $7\frac{3}{11}+1\frac{1}{11}=\square$

(16) $3\frac{3}{10}+4\frac{4}{10}=\square$

(17) $2\frac{5}{12}+5\frac{2}{12}=\square$

(18) $5\frac{7}{14}+1\frac{2}{14}=\square$

(19) $6\frac{13}{16}+2\frac{2}{16}=\square$

(20) $1\frac{7}{20}+2\frac{10}{20}=\square$

2. 분수의 덧셈을 하시오.

(1) $6\frac{1}{3}+3\frac{1}{3}=\square$

(2) $2\frac{2}{4}+4\frac{1}{4}=\square$

(3) $1\frac{3}{7}+7\frac{3}{7}=\square$

(4) $1\frac{4}{6}+1\frac{1}{6}=\square$

(5) $4\frac{3}{8}+4\frac{2}{8}=\square$

(6) $7\frac{1}{5}+5\frac{1}{5}=\square$

(7) $1\frac{2}{11}+8\frac{8}{11}=\square$

(8) $5\frac{5}{19}+2\frac{12}{19}=\square$

(9) $5\frac{8}{10}+2\frac{1}{10}=\square$

(10) $6\frac{6}{15}+5\frac{8}{15}=\square$

(11) $4\frac{13}{16}+2\frac{2}{16}=\square$

(12) $8\frac{11}{18}+2\frac{2}{18}=\square$

(13) $5\frac{3}{10}+4\frac{4}{10}=\square$

(14) $2\frac{6}{11}+4\frac{3}{11}=\square$

(15) $3\frac{2}{15}+1\frac{7}{15}=\square$

(16) $4\frac{12}{17}+6\frac{4}{17}=\square$

(17) $6\frac{1}{19}+3\frac{13}{19}=\square$

자연수는 자연수끼리,
분수는 분수끼리
더하세요.

월 일 이름

표준 완성 시간 4~5분

평가				
오답수	아주 잘함 : 0~2	잘함 : 3~5	보통 : 6~8	노력 바람 : 9~

부모 확인란

1. 분수의 덧셈을 하시오.

(1) $2\frac{2}{3}+1\frac{2}{3}=3\frac{4}{3}=4\frac{1}{3}$

(2) $3\frac{3}{6}+5\frac{4}{6}=$

(3) $3\frac{4}{8}+2\frac{7}{8}=$

(4) $4\frac{4}{7}+2\frac{6}{7}=$

(5) $5\frac{8}{9}+3\frac{8}{9}=$

(6) $3\frac{3}{4}+4\frac{2}{4}=$

(7) $9\frac{4}{5}+1\frac{3}{5}=$

(8) $2\frac{5}{8}+1\frac{4}{8}=$

(9) $5\frac{7}{10}+6\frac{6}{10}=$

(10) $1\frac{5}{19}+2\frac{18}{19}=$

(11) $1\frac{6}{12}+1\frac{7}{12}=$

(12) $2\frac{8}{11}+3\frac{9}{11}=$

(13) $2\frac{15}{17}+1\frac{6}{17}=$

(14) $4\frac{9}{10}+5\frac{8}{10}=$

(15) $1\frac{2}{14}+1\frac{13}{14}=$

(16) $2\frac{13}{15}+3\frac{3}{15}=$

(17) $1\frac{5}{16}+1\frac{12}{16}=$

(18) $2\frac{7}{18}+2\frac{16}{18}=$

(19) $7\frac{3}{11}+2\frac{10}{11}=$

(20) $5\frac{18}{29}+3\frac{18}{29}=$

2. 분수의 덧셈을 하시오.

(1) $3\frac{2}{6}+1\frac{5}{6}=4\frac{7}{6}=5\frac{1}{6}$

(2) $2\frac{3}{9}+1\frac{8}{9}=$

(3) $3\frac{3}{5}+4\frac{3}{5}=$

(4) $2\frac{7}{8}+1\frac{6}{8}=$

(5) $2\frac{5}{7}+3\frac{5}{7}=$

(6) $3\frac{2}{3}+7\frac{2}{3}=$

(7) $2\frac{2}{5}+1\frac{4}{5}=$

(8) $1\frac{8}{9}+7\frac{8}{9}=$

(9) $2\frac{2}{14}+3\frac{13}{14}=$

(10) $3\frac{12}{13}+2\frac{2}{13}=$

(11) $5\frac{7}{10}+4\frac{6}{10}=$

(12) $4\frac{4}{17}+5\frac{15}{17}=$

(13) $4\frac{15}{18}+3\frac{6}{18}=$

(14) $3\frac{5}{13}+5\frac{11}{13}=$

(15) $1\frac{9}{10}+2\frac{8}{10}=$

(16) $3\frac{8}{11}+2\frac{6}{11}=$

(17) $2\frac{13}{20}+8\frac{14}{20}=$

답을 구한 후,
분자가 분모보다 크면
대분수로 고치세요.

분수의 덧셈

동분모분수의 덧셈 (9)

월

일 이름

표준 완성 시간 4~5분

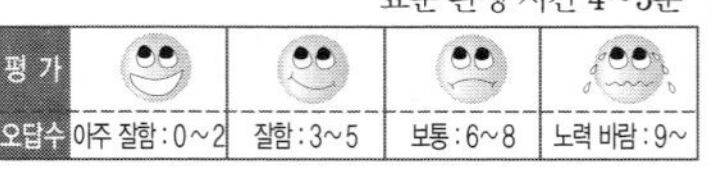

부모 확인란

1. 분수의 덧셈을 하시오.

(1) $5\frac{3}{5}+3\frac{4}{5}=8\frac{7}{5}=9\frac{2}{5}$

(2) $2\frac{2}{7}+7\frac{6}{7}=$

(3) $1\frac{5}{6}+2\frac{2}{6}=$

(4) $5\frac{4}{9}+3\frac{7}{9}=$

(5) $2\frac{7}{8}+1\frac{4}{8}=$

(6) $4\frac{3}{4}+2\frac{2}{4}=$

(7) $4\frac{8}{11}+3\frac{7}{11}=$

(8) $7\frac{3}{10}+3\frac{8}{10}=$

(9) $3\frac{7}{15}+4\frac{11}{15}=$

(10) $3\frac{8}{18}+2\frac{15}{18}=$

(11) $4\frac{8}{19}+5\frac{13}{19}=$

(12) $1\frac{10}{14}+2\frac{9}{14}=$

(13) $4\frac{7}{10}+7\frac{4}{10}=$

(14) $8\frac{15}{18}+2\frac{4}{18}=$

(15) $2\frac{13}{17}+1\frac{6}{17}=$

(16) $4\frac{6}{11}+2\frac{10}{11}=$

(17) $2\frac{8}{12}+3\frac{9}{12}=$

(18) $5\frac{13}{16}+7\frac{7}{16}=$

(19) $5\frac{5}{13}+3\frac{9}{13}=$

(20) $1\frac{17}{26}+3\frac{12}{26}=$

2. 분수의 덧셈을 하시오.

(1) $4\frac{7}{8}+5\frac{6}{8}=9\frac{13}{8}=10\frac{5}{8}$

(2) $2\frac{8}{9}+1\frac{5}{9}=$

(3) $6\frac{4}{5}+3\frac{3}{5}=$

(4) $4\frac{4}{6}+4\frac{3}{6}=$

(5) $3\frac{3}{7}+5\frac{5}{7}=$

(6) $5\frac{3}{4}+5\frac{2}{4}=$

(7) $4\frac{9}{15}+1\frac{13}{15}=$

(8) $2\frac{7}{10}+3\frac{6}{10}=$

(9) $6\frac{8}{11}+2\frac{8}{11}=$

(10) $2\frac{15}{17}+1\frac{4}{17}=$

(11) $6\frac{7}{19}+5\frac{13}{19}=$

(12) $1\frac{14}{18}+1\frac{17}{18}=$

(13) $3\frac{6}{11}+2\frac{10}{11}=$

(14) $7\frac{4}{10}+4\frac{7}{10}=$

(15) $6\frac{12}{16}+7\frac{5}{16}=$

(16) $3\frac{9}{12}+4\frac{10}{12}=$

(17) $4\frac{8}{17}+3\frac{15}{17}=$

(18) $2\frac{12}{15}+1\frac{4}{15}=$

(19) $8\frac{7}{18}+2\frac{17}{18}=$

(20) $1\frac{10}{14}+1\frac{9}{14}=$

4단계 교재를 모두 다 끝낸 후, 가위로 잘라서 총괄 평가를 치르세요.

4단계

총괄

총괄 평가

(70문항 / 표준 완성 시간 20분)

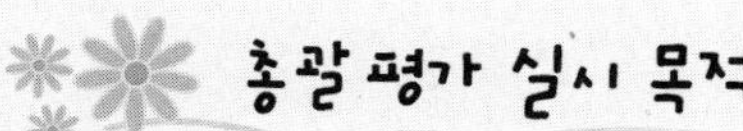

총괄 평가 실시 목적

총괄 평가는 본 단계의 학습을 끝낸 후, 그 단계의 학업 성취도를 총괄적으로 정확하게 점검하기 위한 평가입니다. 총괄 평가를 실시한 결과, 본 단계(학년)의 학습 내용에 부족한 부분이 있으면 틀린 내용에 대해 다시 한 번 학습하게 한 후, 다음 단계로 진행해 주길 바랍니다.

'드릴 만점 계산력수학'은 단계별 1권씩으로 구성하여 조금 낮은 단계의 교재부터 시작하여도 절대로 본 학습 진도에 뒤쳐지지 않습니다.

총괄 평가 실시 방법 및 주의 사항

1. 절취선을 자르고, '총괄 평가지'를 폅니다.
2. 먼저, 학년, 반, 번, 이름, 실시 일자, 시작 시각을 쓰고, 문제를 풀게 한 후, 끝낸 시각도 정확히 기록합니다.
3. 정답은 총괄 평가지에 직접 쓰게 하고, 모르는 문제나 풀기 어려운 문제가 있을 시에는 시간을 끌지 말고 다음 문제로 넘어가도록 합니다.
4. 가능하면 '표준 완성 시간' 내에 풀도록 지시하고, 만약 '표준 완성 시간' 내에 풀지 못하면 '표준 완성 시간' 내에 푼 곳까지 체크해 놓고, 계속해서 끝까지 풀도록 합니다.
5. 채점은 학부모님께서 직접 해 주시고, **'학습 능력 평가표'**를 참조하여 알맞은 교재를 선택하여 진행합니다.

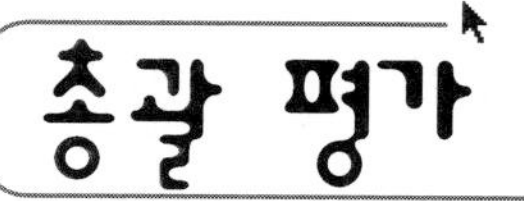

✲ 나눗셈을 하시오.

(1) 54)270

(2) 86)688

(3) 26)156

(4) 70)980

(5) 46)966

(6) 61)732

(7) 48)624

(8) 35)595

(9) 57)798

(10) 77)2695

(11) 54)2484

(12) 67)1407

(45) $0.3+0.6=$

(46) $0.8+0.2=$

(47) $0.2+0.5=$

(48) $0.4+0.85=$

(49) $0.46+0.44=$

(50) $0.7+0.06=$

(51) $0.04+0.08=$

(52) $0.86+0.4=$

(53) $0.42+0.3=$

(54) $0.9+0.06=$

(55) $5.991+0.009=$

(56) $0.849+0.181=$

(57) $0.777+0.343=$

(58) $3.215+0.795=$

(59) $1-0.3=$

(60) $0.9-0.2=$

(61) $0.14-0.08=$

(62) $3.62-3=$

(63) $0.4-0.15=$

(64) $1-0.05=$

(65) $1.013-0.67=$

(66) $3.01-0.012=$

(67) $8.003-0.003=$

(68) $4-1.074=$

(69) $1.002-0.043=$

(70) $5.002-0.066=$

✻ 다음을 계산하시오.

(21) $(15+7)\times5=$

(22) $(28-7)\div3=$

(23) $25\times(12+18)=$

(24) $49\div(21-14)=$

(25) $36+4\times5=$

(26) $18-12\div4=$

(27) $6\times4-8\div2=$

(28) $56\div8-45\div9=$

(29) $\frac{5}{14}+\frac{7}{14}=$

(30) $\frac{5}{13}+\frac{6}{13}=$

(31) $\frac{4}{10}+\frac{9}{10}=$

(32) $\frac{7}{18}+\frac{17}{18}=$

(33) $3\frac{11}{17}+4\frac{15}{17}=$

(34) $2\frac{9}{13}+3\frac{8}{13}=$

(35) $3\frac{5}{11}+2\frac{8}{11}=$

(36) $5\frac{3}{15}+6\frac{14}{15}=$

(37) $\frac{13}{14}-\frac{5}{14}=$

(38) $\frac{13}{21}-\frac{7}{21}=$

(39) $5\frac{8}{12}-2\frac{4}{12}=$

(40) $7\frac{12}{19}-4\frac{8}{19}=$

(41) $6\frac{2}{11}-3\frac{6}{11}=$

(42) $5\frac{4}{15}-2\frac{13}{15}=$

(43) $4-1\frac{7}{13}=$

(44) $7\frac{15}{23}-2\frac{19}{23}=$

• 원(교) 학년 반 번 • 이름 :

• 실시 연월일 : 년 월 일 • 소요 시간 : 분 ~ 분 (/20분)

(13)

$33\overline{)1485}$

(14)

$54\overline{)1998}$

(15)

$69\overline{)1863}$

(16)

$83\overline{)4482}$

(17)

$46\overline{)1702}$

(18)

$77\overline{)4312}$

(19)

$54\overline{)1944}$

(20)

$37\overline{)1184}$

총괄 평가 정답

(1) 5 (2) 8 (3) 6 (4) 14 (5) 21

(6) 12 (7) 13 (8) 17 (9) 14 (10) 35

(11) 46 (12) 21 (13) 45 (14) 37 (15) 27

(16) 54 (17) 37 (18) 56 (19) 36 (20) 32

(21) 110 (22) 7 (23) 750 (24) 7 (25) 56

(26) 15 (27) 20 (28) 2 (29) $\frac{12}{14}$ (30) $\frac{11}{13}$

(31) $1\frac{3}{10}$ (32) $1\frac{6}{18}$ (33) $8\frac{9}{17}$ (34) $6\frac{4}{13}$ (35) $6\frac{2}{11}$

(36) $12\frac{2}{15}$ (37) $\frac{8}{14}$ (38) $\frac{6}{21}$ (39) $3\frac{4}{12}$ (40) $3\frac{4}{19}$

(41) $2\frac{7}{11}$ (42) $2\frac{6}{15}$ (43) $2\frac{6}{13}$ (44) $4\frac{19}{23}$ (45) 0.9

(46) 1 (47) 0.7 (48) 1.25 (49) 0.9 (50) 0.76

(51) 0.12 (52) 1.26 (53) 0.72 (54) 0.96 (55) 6

(56) 1.03 (57) 1.12 (58) 4.01 (59) 0.7 (60) 0.7

(61) 0.06 (62) 0.62 (63) 0.25 (64) 0.95 (65) 0.343

(66) 2.998 (67) 8 (68) 2.926 (69) 0.959 (70) 4.936

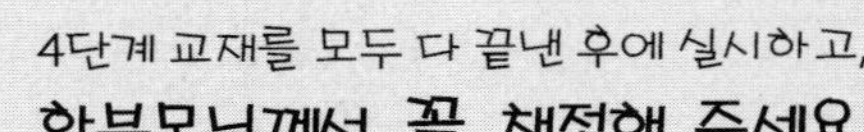

총괄 평가 주요 학습 목표

- ✲ 나눗셈 (세 자리 수)÷(두 자리 수), (네 자리 수)÷(두 자리 수)
- ✲ 계산의 순서 ( )가 없(있)는 자연수의 사칙 혼합 계산
- ✲ 분수의 덧셈과 뺄셈 동분모분수의 덧셈과 뺄셈
- ✲ 소수의 덧셈과 뺄셈 소수 세 자리 수 이하의 덧셈과 뺄셈

총괄 평가 학습 능력 평가표

평가	정답 수	소요 시간	진단 및 향후 학습 계획
아주 잘함	65개 이상	17분 이내	* 칭찬을 많이 해 주세요. * 4단계의 학습이 매우 잘 되었습니다. * 5단계 학습을 바로 진행하세요.
잘함	60개 이상	20분 이내	* 칭찬과 격려를 해 주세요. * 4단계의 학습이 잘 되었습니다. * 5단계 학습을 바로 진행하세요.
보통	56개 이상	25분 이내	* 좀 더 잘할 수 있도록 격려해 주세요. * 4단계의 학습이 충분치 못합니다. * 틀린 부분을 다시 한 번 더 학습한 후, 5단계로 진행하세요.
노력 바람	56개 미만	25분 이상	* 4단계의 학습이 부족합니다. * 조금 늦더라도 4단계 학습을 집중적으로 재학습 한 후, 총괄 평가를 다시 해 보세요.

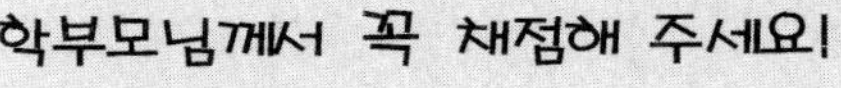

4단계 교재를 시작하기 전에 실시하고,

학부모님께서 꼭 채점해 주세요!

진단 평가 주요 학습 목표

✲ 나눗셈　　나눗셈 (몫 : 한 자리 수, 나머지 있음)

✲ 자리 수가 많은 덧셈과 뺄셈

받아올(내)림이 있는 네 자리 수까지의 덧셈과 뺄셈

✲ 자리 수가 많은 곱셈

올림이 있는 (두(세) 자리 수)×(두(세)) 자리 수)

진단 평가 학습 능력 평가표

평가	정답 수	소요 시간	진단 및 향후 학습 계획
아주 잘함	65개 이상	17분 이내	* 칭찬을 많이 해 주세요. * 3단계의 학습이 매우 잘 되었습니다. * 4단계 학습을 바로 진행하세요.
잘함	60개 이상	20분 이내	* 칭찬과 격려를 해 주세요. * 3단계의 학습이 잘 되었습니다. * 4단계 학습을 바로 진행하세요.
보통	56개 이상	25분 이내	* 좀 더 잘할 수 있도록 격려해 주세요. * 3단계의 학습이 충분치 못합니다. * 틀린 부분을 다시 한 번 더 학습한 후, 3단계로 진행하세요.
노력 바람	56개 미만	25분 이상	* 3단계의 학습이 부족합니다. * 조금 늦더라도 2단계 학습을 집중적으로 재학습 한 후, 4단계로 진행해 주세요.

4단계 진단

진단 평가 정답

(1) 3…6　(2) 8…2　(3) 9…3　(4) 8…4　(5) 8…2
(6) 9…1　(7) 4…4　(8) 9…1　(9) 4…4　(10) 3…3
(11) 6…1　(12) 9…7　(13) 7…7　(14) 6…3　(15) 8…4
(16) 8…4　(17) 7…2　(18) 8…1　(19) 9…4　(20) 6…2
(21) 8…8　(22) 5…3　(23) 103　(24) 160　(25) 127
(26) 165　(27) 140　(28) 120　(29) 125　(30) 112
(31) 141　(32) 114　(33) 143　(34) 151　(35) 4001
(36) 4000　(37) 1403　(38) 1813　(39) 1621　(40) 1341
(41) 34　(42) 28　(43) 57　(44) 27　(45) 69
(46) 38　(47) 35　(48) 37　(49) 48　(50) 68
(51) 15　(52) 19　(53) 64　(54) 657　(55) 16
(56) 98　(57) 1544　(58) 957　(59) 3471　(60) 2793
(61) 2088　(62) 55328　(63) 23596　(64) 29104　(65) 64752
(66) 285168　(67) 142755
(68) 244621　(69) 383244
(70) 292383

※ 뺄셈을 하시오.

(41) 80 − 46

(42) 41 − 13

(43) 80 − 23

(44) 73 − 46

(45) 84 − 15

(46) 57 − 19

(47) 62 − 27

(48) 93 − 56

(49) 76 − 28

(50) 85 − 17

(51) 33 − 18

(52) 42 − 23

(53) 123 − 59

(54) 1004 − 347

(55) 3010 − 2994

(56) 134 − 36

(57) 5000 − 3456

(58) 2002 − 1045

※ 곱셈을 하시오.

(59) 89 × 39

(60) 49 × 57

(61) 36 × 58

(62) 728 × 76

(63) 347 × 68

(64) 856 × 34

(65) 304 × 213

(66) 624 × 457

(67) 465 × 307

(68) 607 × 403

(69) 586 × 654

(70) 459 × 637

4단계 진단

진단 평가

문항 수	표준완성시간	정답 수
70	20분	/70문항

• 원(교) 학년 반 번 • 이름 :

• 실시 연월일 : 년 월 일 • 소요 시간 : 분 ~ 분 (/20분)

✲ 다음 나눗셈의 몫과 나머지를 구하시오.

(1) $30 \div 8 =$ ____ … ____

(2) $26 \div 3 =$ ____ … ____

(3) $57 \div 6 =$ ____ … ____

(4) $44 \div 5 =$ ____ … ____

(5) $34 \div 4 =$ ____ … ____

(6) $28 \div 3 =$ ____ … ____

(7) $28 \div 6 =$ ____ … ____

(8) $19 \div 2 =$ ____ … ____

(9) $24 \div 5 =$ ____ … ____

(10) $27 \div 8 =$ ____ … ____

(11) $43 \div 7 =$ ____ … ____

(12) $88 \div 9 =$ ____ … ____

(13) $70 \div 9 =$ ____ … ____

(14) $45 \div 7 =$ ____ … ____

(15) $60 \div 7 =$ ____ … ____

(16) $52 \div 6 =$ ____ … ____

(17) $58 \div 8 =$ ____ … ____

(18) $33 \div 4 =$ ____ … ____

(19) $76 \div 8 =$ ____ … ____

(20) $56 \div 9 =$ ____ … ____

(21) $80 \div 9 =$ ____ … ____

(22) $43 \div 8 =$ ____ … ____

✲ 덧셈을 하시오.

(23) $24 + 79$

(24) $73 + 87$

(25) $69 + 58$

(26) $88 + 77$

(27) $41 + 99$

(28) $96 + 24$

(29) $89 + 36$

(30) $26 + 86$

(31) $73 + 68$

(32) $59 + 55$

(33) $76 + 67$

(34) $65 + 86$

(35) $3907 + 94$

(36) $73 + 3927$

(37) $757 + 646$

(38) $876 + 937$

(39) $976 + 645$

(40) $383 + 958$

4단계 교재를 시작하기 전에 가위로 잘라서 진단 평가를 치르세요.

드릴 만점 계산력 수학

4단계

진단

진단 평가

(70문항 / 표준 완성 시간 20분)

진단 평가 실시 목적

진단 평가는 본 단계의 학습을 시작하기 전에 개인의 학력 수준을 정확하게 점검하기 위한 평가입니다. 진단 평가를 실시한 결과, 앞 단계(학년)의 학습 내용에 부족한 부분이 있으면 한 단계 낮은 수준의 교재를 학습한 후, 본 단계로 진행해 주길 바랍니다.

'드릴 만점 계산력수학'은 단계별 1권씩으로 구성하여 조금 낮은 단계의 교재부터 시작하여도 절대로 본 학습 진도에 뒤쳐지지 않습니다.

진단 평가 실시 방법 및 주의 사항

1. 절취선을 자르고, '진단 평가지'를 폅니다.
2. 먼저, 학년, 반, 번, 이름, 실시 일자, 시작 시각을 쓰고, 문제를 풀게 한 후, 끝낸 시각도 정확히 기록합니다.
3. 정답은 진단 평가지에 직접 쓰게 하고, 모르는 문제나 풀기 어려운 문제가 있을 시에는 시간을 끌지 말고 다음 문제로 넘어가도록 합니다.
4. 가능하면 '표준 완성 시간' 내에 풀도록 지시하고, 만약 '표준 완성 시간' 내에 풀지 못하면 '표준 완성 시간' 내에 푼 곳까지 체크해 놓고, 계속해서 끝까지 풀도록 합니다.
5. 채점은 학부모님께서 직접 해 주시고, **'학습 능력 평가표'**를 참조하여 알맞은 교재를 선택하여 진행합니다.

분수의 덧셈

동분모분수의 덧셈 (10)

월 일 이름

표준 완성 시간 4~5분

평가				
오답수	아주 잘함 : 0~2	잘함 : 3~5	보통 : 6~8	노력 바람 : 9~

부모 확인란

1. 분수의 덧셈을 하시오.

(1) $1\frac{7}{9}+4\frac{6}{9}=5\frac{13}{9}=6\frac{4}{9}$

(2) $6\frac{3}{6}+7\frac{4}{6}=$

(3) $3\frac{4}{7}+4\frac{6}{7}=$

(4) $5\frac{3}{5}+2\frac{4}{5}=$

(5) $8\frac{8}{11}+2\frac{10}{11}=$

(6) $2\frac{5}{10}+7\frac{8}{10}=$

(7) $3\frac{8}{13}+5\frac{6}{13}=$

(8) $2\frac{17}{18}+3\frac{4}{18}=$

(9) $1\frac{8}{10}+3\frac{9}{10}=$

(10) $1\frac{16}{30}+2\frac{21}{30}=$

(11) $4\frac{5}{13}+6\frac{12}{13}=$

(12) $7\frac{13}{17}+2\frac{5}{17}=$

(13) $4\frac{8}{16}+2\frac{9}{16}=$

(14) $4\frac{12}{14}+1\frac{13}{14}=$

(15) $5\frac{6}{12}+2\frac{11}{12}=$

(16) $2\frac{15}{19}+3\frac{5}{19}=$

(17) $3\frac{14}{15}+8\frac{12}{15}=$

(18) $8\frac{10}{11}+7\frac{7}{11}=$

(19) $1\frac{3}{18}+2\frac{16}{18}=$

(20) $4\frac{9}{10}+2\frac{2}{10}=$

2. 분수의 덧셈을 하시오.

(1) $2\frac{5}{6}+4\frac{2}{6}=6\frac{7}{6}=7\frac{1}{6}$

(2) $2\frac{7}{8}+3\frac{6}{8}=$

(3) $5\frac{6}{7}+5\frac{6}{7}=$

(4) $2\frac{3}{4}+7\frac{2}{4}=$

(5) $6\frac{8}{19}+3\frac{18}{19}=$

(6) $2\frac{17}{24}+3\frac{12}{24}=$

(7) $8\frac{10}{11}+7\frac{6}{11}=$

(8) $6\frac{13}{15}+1\frac{13}{15}=$

(9) $2\frac{5}{18}+1\frac{14}{18}=$

(10) $2\frac{7}{10}+3\frac{6}{10}=$

(11) $4\frac{5}{20}+3\frac{16}{20}=$

(12) $2\frac{5}{12}+5\frac{9}{12}=$

(13) $2\frac{17}{19}+3\frac{13}{19}=$

(14) $3\frac{13}{16}+4\frac{14}{16}=$

(15) $1\frac{8}{11}+2\frac{6}{11}=$

(16) $1\frac{5}{7}+3\frac{4}{7}=$

(17) $5\frac{3}{15}+4\frac{14}{15}=$

(18) $1\frac{14}{19}+7\frac{16}{19}=$

(19) $1\frac{3}{10}+2\frac{8}{10}=$

(20) $3\frac{5}{11}+4\frac{7}{11}=$

분수의 뺄셈

동분모분수의 뺄셈 (1)

월 일 이름

표준 완성 시간 4~5분

평가				
오답수	아주 잘함 : 0~2	잘함 : 3~5	보통 : 6~8	노력 바람 : 9~

부모 확인란

1. 분수의 뺄셈을 하시오.

(1) $\frac{2}{3}-\frac{1}{3}=\frac{1}{3}$

(2) $\frac{6}{7}-\frac{3}{7}=$ □

(3) $\frac{5}{6}-\frac{4}{6}=$ □

(4) $\frac{3}{5}-\frac{1}{5}=$ □

(5) $\frac{3}{4}-\frac{1}{4}=$ □

(6) $\frac{5}{9}-\frac{1}{9}=$ □

(7) $\frac{4}{8}-\frac{1}{8}=$ □

(8) $\frac{5}{7}-\frac{2}{7}=$ □

(9) $\frac{4}{10}-\frac{1}{10}=$ □

(10) $\frac{9}{14}-\frac{3}{14}=$ □

(11) $\frac{4}{15}-\frac{1}{15}=$ □

(12) $\frac{13}{26}-\frac{4}{26}=$ □

(13) $\frac{17}{20}-\frac{4}{20}=$ □

(14) $\frac{5}{11}-\frac{2}{11}=$ □

(15) $\frac{9}{10}-\frac{6}{10}=$ □

(16) $\frac{13}{17}-\frac{6}{17}=$ □

(17) $\frac{14}{23}-\frac{9}{23}=$ □

(18) $\frac{18}{19}-\frac{13}{19}=$ □

(19) $\frac{11}{12}-\frac{6}{12}=$ □

(20) $\frac{5}{13}-\frac{2}{13}=$ □

2. 분수의 뺄셈을 하시오.

(1) $\frac{5}{7}-\frac{3}{7}=$ □

(2) $\frac{3}{6}-\frac{2}{6}=$ □

(3) $\frac{5}{6}-\frac{4}{6}=$ □

(4) $\frac{3}{5}-\frac{2}{5}=$ □

(5) $\frac{7}{8}-\frac{2}{8}=$ □

(6) $\frac{8}{9}-\frac{1}{9}=$ □

(7) $\frac{9}{13}-\frac{5}{13}=$ □

(8) $\frac{8}{11}-\frac{3}{11}=$ □

(9) $\frac{16}{25}-\frac{8}{25}=$ □

(10) $\frac{15}{18}-\frac{8}{18}=$ □

(11) $\frac{8}{12}-\frac{3}{12}=$ □

(12) $\frac{16}{17}-\frac{8}{17}=$ □

(13) $\frac{13}{20}-\frac{8}{20}=$ □

(14) $\frac{9}{10}-\frac{2}{10}=$ □

(15) $\frac{13}{16}-\frac{4}{16}=$ □

(16) $\frac{8}{19}-\frac{1}{19}=$ □

(17) $\frac{10}{11}-\frac{4}{11}=$ □

(18) $\frac{13}{21}-\frac{2}{21}=$ □

(19) $\frac{16}{18}-\frac{5}{18}=$ □

(20) $\frac{16}{22}-\frac{7}{22}=$ □

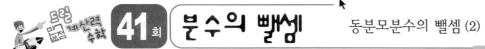

분수의 뺄셈

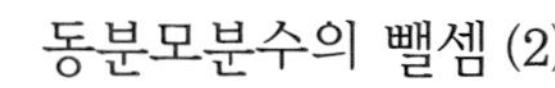
동분모분수의 뺄셈 (2)

월

일 이름

표준 완성 시간 4~5분

평가				
오답수	아주 잘함 : 0~2	잘함 : 3~5	보통 : 6~8	노력 바람 : 9~

부모 확인란

1. 분수의 뺄셈을 하시오.

(1) $\frac{6}{7}-\frac{2}{7}=\frac{4}{7}$

(2) $\frac{2}{6}-\frac{1}{6}=\square$

(3) $\frac{4}{5}-\frac{2}{5}=\square$

(4) $\frac{7}{8}-\frac{6}{8}=\square$

(5) $\frac{16}{18}-\frac{13}{18}=\square$

(6) $\frac{11}{16}-\frac{6}{16}=\square$

(7) $\frac{23}{28}-\frac{6}{28}=\square$

(8) $\frac{8}{19}-\frac{4}{19}=\square$

(9) $\frac{6}{11}-\frac{1}{11}=\square$

(10) $\frac{26}{30}-\frac{13}{30}=\square$

(11) $\frac{7}{12}-\frac{2}{12}=\square$

(12) $\frac{15}{18}-\frac{4}{18}=\square$

(13) $\frac{5}{10}-\frac{2}{10}=\square$

(14) $\frac{7}{13}-\frac{6}{13}=\square$

(15) $\frac{13}{24}-\frac{6}{24}=\square$

(16) $\frac{9}{11}-\frac{4}{11}=\square$

(17) $\frac{11}{14}-\frac{6}{14}=\square$

(18) $\frac{24}{25}-\frac{16}{25}=\square$

(19) $\frac{12}{13}-\frac{8}{13}=\square$

(20) $\frac{17}{18}-\frac{9}{18}=\square$

2. 분수의 뺄셈을 하시오.

(1) $\frac{7}{9}-\frac{2}{9}=\square$

(2) $\frac{6}{8}-\frac{3}{8}=\square$

(3) $\frac{3}{5}-\frac{1}{5}=\square$

(4) $\frac{5}{7}-\frac{3}{7}=\square$

(5) $\frac{6}{10}-\frac{3}{10}=\square$

(6) $\frac{17}{22}-\frac{8}{22}=\square$

(7) $\frac{21}{28}-\frac{10}{28}=\square$

(8) $\frac{12}{13}-\frac{8}{13}=\square$

(9) $\frac{13}{16}-\frac{7}{16}=\square$

(10) $\frac{8}{11}-\frac{6}{11}=\square$

(11) $\frac{11}{15}-\frac{3}{15}=\square$

(12) $\frac{16}{17}-\frac{7}{17}=\square$

(13) $\frac{6}{14}-\frac{3}{14}=\square$

(14) $\frac{12}{23}-\frac{8}{23}=\square$

(15) $\frac{19}{29}-\frac{7}{29}=\square$

(16) $\frac{23}{24}-\frac{18}{24}=\square$

(17) $\frac{10}{19}-\frac{3}{19}=\square$

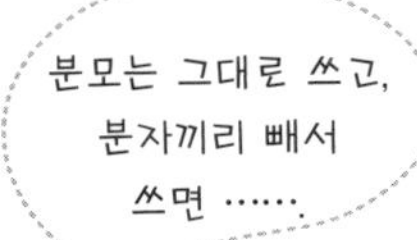

분모는 그대로 쓰고,
분자끼리 빼서
쓰면 ……

월

일 이름

표준 완성 시간 4~5분

평가				
오답수	아주 잘함 : 0~2	잘함 : 3~5	보통 : 6~8	노력 바람 : 9~

부모 확인란

1. 분수의 뺄셈을 하시오.

(1) $\frac{6}{7}-\frac{2}{7}=\frac{4}{7}$　(2) $\frac{2}{4}-\frac{1}{4}=\square$

(3) $\frac{5}{6}-\frac{4}{6}=\square$　(4) $\frac{3}{5}-\frac{2}{5}=\square$

(5) $\frac{13}{16}-\frac{6}{16}=\square$　(6) $\frac{15}{19}-\frac{11}{19}=\square$

(7) $\frac{10}{11}-\frac{5}{11}=\square$　(8) $\frac{9}{12}-\frac{2}{12}=\square$

(9) $\frac{7}{10}-\frac{4}{10}=\square$　(10) $\frac{22}{23}-\frac{16}{23}=\square$

(11) $\frac{11}{14}-\frac{2}{14}=\square$　(12) $\frac{16}{32}-\frac{3}{32}=\square$

(13) $\frac{17}{18}-\frac{8}{18}=\square$　(14) $\frac{13}{17}-\frac{6}{17}=\square$

(15) $\frac{8}{11}-\frac{2}{11}=\square$　(16) $\frac{21}{22}-\frac{14}{22}=\square$

(17) $\frac{16}{20}-\frac{5}{20}=\square$　(18) $\frac{9}{10}-\frac{2}{10}=\square$

(19) $\frac{21}{24}-\frac{4}{24}=\square$　(20) $\frac{13}{15}-\frac{11}{15}=\square$

2. 분수의 뺄셈을 하시오.

(1) $\frac{7}{8}-\frac{2}{8}=\square$　(2) $\frac{3}{4}-\frac{2}{4}=\square$

(3) $\frac{8}{9}-\frac{6}{9}=\square$　(4) $\frac{5}{7}-\frac{1}{7}=\square$

(5) $\frac{10}{11}-\frac{6}{11}=\square$　(6) $\frac{6}{10}-\frac{3}{10}=\square$

(7) $\frac{25}{30}-\frac{8}{30}=\square$　(8) $\frac{11}{13}-\frac{3}{13}=\square$

(9) $\frac{11}{16}-\frac{8}{16}=\square$　(10) $\frac{21}{26}-\frac{4}{26}=\square$

(11) $\frac{15}{18}-\frac{8}{18}=\square$　(12) $\frac{5}{11}-\frac{2}{11}=\square$

(13) $\frac{17}{20}-\frac{8}{20}=\square$　(14) $\frac{14}{15}-\frac{7}{15}=\square$

(15) $\frac{13}{24}-\frac{8}{24}=\square$　(16) $\frac{8}{10}-\frac{1}{10}=\square$

(17) $\frac{14}{17}-\frac{3}{17}=\square$　(18) $\frac{20}{22}-\frac{11}{22}=\square$

(19) $\frac{11}{12}-\frac{6}{12}=\square$　(20) $\frac{23}{27}-\frac{16}{27}=\square$

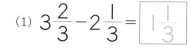

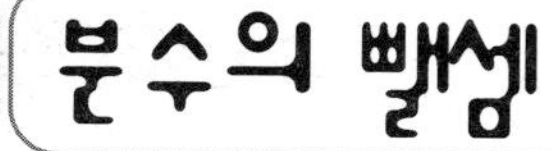

동분모분수의 뺄셈 (4)

이름

표준 완성 시간 4~5분

부모 확인란

1. 분수의 뺄셈을 하시오.

(1) $3\frac{2}{3}-2\frac{1}{3}=$ $1\frac{1}{3}$

(2) $4\frac{3}{4}-2\frac{2}{4}=$ ☐

(3) $5\frac{5}{8}-2\frac{2}{8}=$ ☐

(4) $3\frac{5}{6}-1\frac{4}{6}=$ ☐

(5) $2\frac{6}{7}-1\frac{1}{7}=$ ☐

(6) $5\frac{3}{5}-1\frac{1}{5}=$ ☐

(7) $6\frac{7}{9}-3\frac{2}{9}=$ ☐

(8) $6\frac{7}{8}-4\frac{2}{8}=$ ☐

(9) $3\frac{16}{26}-2\frac{7}{26}=$ ☐

(10) $5\frac{13}{16}-3\frac{8}{16}=$ ☐

(11) $8\frac{12}{18}-5\frac{5}{18}=$ ☐

(12) $4\frac{25}{28}-3\frac{16}{28}=$ ☐

(13) $3\frac{13}{15}-2\frac{6}{15}=$ ☐

(14) $5\frac{5}{11}-2\frac{2}{11}=$ ☐

(15) $4\frac{17}{25}-3\frac{6}{25}=$ ☐

(16) $9\frac{8}{14}-3\frac{3}{14}=$ ☐

(17) $5\frac{9}{10}-1\frac{2}{10}=$ ☐

(18) $7\frac{8}{11}-6\frac{3}{11}=$ ☐

(19) $5\frac{18}{19}-3\frac{9}{19}=$ ☐

(20) $4\frac{21}{27}-2\frac{13}{27}=$ ☐

2. 분수의 뺄셈을 하시오.

(1) $6\frac{6}{8}-3\frac{1}{8}=$ ☐

(2) $4\frac{4}{6}-3\frac{3}{6}=$ ☐

(3) $7\frac{2}{3}-4\frac{1}{3}=$ ☐

(4) $8\frac{2}{4}-4\frac{1}{4}=$ ☐

(5) $4\frac{8}{9}-2\frac{3}{9}=$ ☐

(6) $7\frac{5}{7}-3\frac{2}{7}=$ ☐

(7) $6\frac{15}{19}-5\frac{6}{19}=$ ☐

(8) $4\frac{17}{21}-3\frac{9}{21}=$ ☐

(9) $8\frac{10}{13}-5\frac{6}{13}=$ ☐

(10) $5\frac{15}{20}-3\frac{8}{20}=$ ☐

(11) $7\frac{21}{24}-5\frac{8}{24}=$ ☐

(12) $6\frac{14}{15}-3\frac{8}{15}=$ ☐

(13) $3\frac{11}{12}-1\frac{4}{12}=$ ☐

(14) $5\frac{13}{17}-3\frac{6}{17}=$ ☐

(15) $7\frac{17}{22}-2\frac{8}{22}=$ ☐

(16) $3\frac{9}{11}-2\frac{6}{11}=$ ☐

(17) $7\frac{8}{10}-5\frac{5}{10}=$ ☐

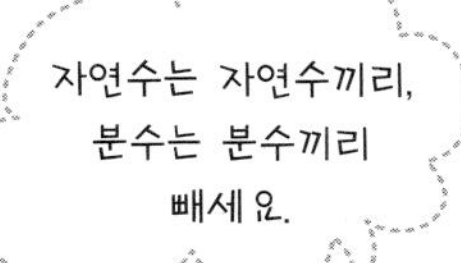

자연수는 자연수끼리,
분수는 분수끼리
빼세요.

표준 완성 시간 4~5분

평가				
오답수	아주 잘함 : 0~2	잘함 : 3~5	보통 : 6~8	노력 바람 : 9~

부모 확인란

1. 분수의 뺄셈을 하시오.

(1) $5\frac{8}{9}-3\frac{6}{9}=2\frac{2}{9}$

(2) $3\frac{3}{5}-2\frac{2}{5}=\square$

(3) $7\frac{6}{7}-3\frac{4}{7}=\square$

(4) $6\frac{2}{6}-1\frac{1}{6}=\square$

(5) $9\frac{11}{15}-7\frac{7}{15}=\square$

(6) $6\frac{15}{18}-3\frac{4}{18}=\square$

(7) $5\frac{5}{10}-4\frac{2}{10}=\square$

(8) $4\frac{13}{14}-1\frac{7}{14}=\square$

(9) $2\frac{9}{12}-1\frac{4}{12}=\square$

(10) $7\frac{14}{17}-6\frac{5}{17}=\square$

(11) $3\frac{20}{21}-1\frac{15}{21}=\square$

(12) $8\frac{11}{13}-3\frac{8}{13}=\square$

(13) $6\frac{13}{14}-3\frac{4}{14}=\square$

(14) $9\frac{18}{25}-8\frac{5}{25}=\square$

(15) $8\frac{14}{16}-2\frac{7}{16}=\square$

(16) $4\frac{28}{30}-2\frac{9}{30}=\square$

(17) $9\frac{21}{23}-3\frac{7}{23}=\square$

(18) $6\frac{8}{11}-2\frac{4}{11}=\square$

(19) $5\frac{18}{19}-3\frac{6}{19}=\square$

(20) $9\frac{24}{27}-1\frac{7}{27}=\square$

2. 분수의 뺄셈을 하시오.

(1) $6\frac{6}{7}-2\frac{1}{7}=\square$

(2) $9\frac{5}{6}-8\frac{4}{6}=\square$

(3) $8\frac{4}{8}-3\frac{3}{8}=\square$

(4) $8\frac{5}{9}-7\frac{3}{9}=\square$

(5) $7\frac{17}{22}-1\frac{12}{22}=\square$

(6) $9\frac{11}{13}-7\frac{3}{13}=\square$

(7) $3\frac{12}{15}-1\frac{8}{15}=\square$

(8) $5\frac{17}{30}-1\frac{6}{30}=\square$

(9) $3\frac{7}{10}-1\frac{6}{10}=\square$

(10) $7\frac{8}{11}-3\frac{3}{11}=\square$

(11) $9\frac{15}{26}-2\frac{10}{26}=\square$

(12) $3\frac{16}{17}-1\frac{3}{17}=\square$

(13) $5\frac{8}{12}-3\frac{3}{12}=\square$

(14) $7\frac{23}{28}-5\frac{8}{28}=\square$

(15) $8\frac{23}{24}-6\frac{12}{24}=\square$

(16) $6\frac{13}{15}-1\frac{11}{15}=\square$

(17) $5\frac{19}{21}-4\frac{8}{21}=\square$

(18) $6\frac{19}{20}-4\frac{6}{20}=\square$

(19) $9\frac{11}{14}-1\frac{8}{14}=\square$

(20) $7\frac{27}{29}-6\frac{13}{29}=\square$

분수의 뺄셈

동분모분수의 뺄셈 (6)

월

일 이름

표준 완성 시간 4~5분

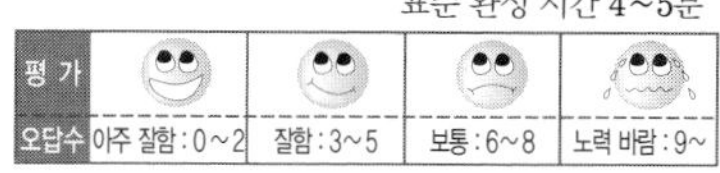

1. 분수의 뺄셈을 하시오.

(1) $9\frac{2}{3}-8\frac{1}{3}=1\frac{1}{3}$

(2) $7\frac{4}{5}-1\frac{2}{5}=\square$

(3) $9\frac{8}{9}-1\frac{1}{9}=\square$

(4) $8\frac{7}{8}-2\frac{2}{8}=\square$

(5) $9\frac{9}{13}-7\frac{1}{13}=\square$

(6) $8\frac{15}{18}-3\frac{10}{18}=\square$

(7) $6\frac{5}{10}-2\frac{2}{10}=\square$

(8) $6\frac{10}{12}-3\frac{3}{12}=\square$

(9) $8\frac{8}{16}-3\frac{3}{16}=\square$

(10) $8\frac{9}{20}-3\frac{2}{20}=\square$

(11) $9\frac{19}{26}-3\frac{2}{26}=\square$

(12) $9\frac{12}{14}-8\frac{9}{14}=\square$

(13) $8\frac{5}{19}-6\frac{2}{19}=\square$

(14) $2\frac{19}{22}-1\frac{16}{22}=\square$

(15) $5\frac{7}{25}-3\frac{1}{25}=\square$

(16) $7\frac{10}{11}-3\frac{3}{11}=\square$

(17) $6\frac{19}{24}-5\frac{6}{24}=\square$

(18) $7\frac{28}{29}-6\frac{19}{29}=\square$

(19) $4\frac{16}{28}-3\frac{7}{28}=\square$

(20) $10\frac{12}{23}-6\frac{8}{23}=\square$

2. 분수의 뺄셈을 하시오.

(1) $9\frac{3}{6}-1\frac{2}{6}=\square$

(2) $7\frac{2}{3}-1\frac{1}{3}=\square$

(3) $9\frac{7}{8}-3\frac{5}{8}=\square$

(4) $6\frac{4}{7}-3\frac{2}{7}=\square$

(5) $5\frac{17}{18}-1\frac{4}{18}=\square$

(6) $8\frac{14}{17}-1\frac{9}{17}=\square$

(7) $6\frac{9}{10}-5\frac{2}{10}=\square$

(8) $8\frac{15}{16}-3\frac{2}{16}=\square$

(9) $7\frac{2}{19}-6\frac{1}{19}=\square$

(10) $5\frac{8}{12}-3\frac{3}{12}=\square$

(11) $9\frac{15}{23}-8\frac{1}{23}=\square$

(12) $5\frac{21}{27}-3\frac{8}{27}=\square$

(13) $6\frac{6}{26}-3\frac{3}{26}=\square$

(14) $2\frac{27}{30}-1\frac{10}{30}=\square$

(15) $5\frac{12}{20}-4\frac{1}{20}=\square$

(16) $6\frac{13}{14}-2\frac{5}{14}=\square$

(17) $7\frac{8}{11}-2\frac{5}{11}=\square$

(18) $8\frac{17}{24}-2\frac{4}{24}=\square$

(19) $3\frac{26}{27}-1\frac{13}{27}=\square$

(20) $8\frac{13}{19}-4\frac{7}{19}=\square$

✲ 분수의 뺄셈을 하시오.

(1) $3\frac{1}{3}-2\frac{2}{3}=2\frac{4}{3}-2\frac{2}{3}=\frac{2}{3}$

(2) $4\frac{3}{6}-2\frac{4}{6}=$

(3) $5\frac{3}{8}-2\frac{6}{8}=$

(4) $6\frac{2}{7}-3\frac{6}{7}=$

(5) $4\frac{2}{6}-1\frac{3}{6}=$

(6) $5\frac{5}{11}-2\frac{6}{11}=$

(7) $1-\frac{3}{4}=\frac{4}{4}-\frac{3}{4}=\frac{1}{4}$

(8) $3-\frac{3}{5}=$

(9) $5-2\frac{2}{9}=$

(10) $3-\frac{3}{10}=$

(11) $8\frac{2}{4}-3\frac{3}{4}=$

(12) $2\frac{7}{14}-\frac{12}{14}=$

(13) $2-\frac{1}{2}=$

(14) $6\frac{5}{8}-1\frac{6}{8}=$

(15) $3-1\frac{2}{3}=$

(16) $2\frac{5}{17}-1\frac{12}{17}=$

(17) $6\frac{1}{5}-2\frac{4}{5}=$

(18) $6\frac{2}{11}-4\frac{9}{11}=$

(19) $5\frac{5}{19}-3\frac{10}{19}=$

(20) $4-2\frac{5}{12}=$

(21) $5\frac{1}{7}-4\frac{6}{7}=$

(22) $6\frac{6}{15}-2\frac{13}{15}=$

(23) $2\frac{15}{23}-1\frac{18}{23}=$

(24) $2-1\frac{11}{30}=$

(25) $4\frac{5}{20}-2\frac{18}{20}=$

(26) $9\frac{5}{9}-2\frac{6}{9}=$

(27) $1-\frac{5}{13}=$

(28) $2\frac{13}{27}-\frac{20}{27}=$

(29) $7\frac{5}{10}-3\frac{7}{10}=$

(30) $5-3\frac{5}{18}=$

월

일 이름

표준 완성 시간 4~5분

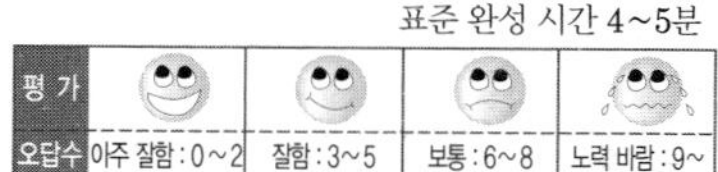

평가				
오답수	아주 잘함 : 0~2	잘함 : 3~5	보통 : 6~8	노력 바람 : 9~

부모 확인란

✱ 분수의 뺄셈을 하시오.

(1) $3-\frac{1}{2}=2\frac{2}{2}-\frac{1}{2}=2\frac{1}{2}$

(2) $3\frac{3}{9}-1\frac{7}{9}=$

(3) $8\frac{5}{16}-1\frac{8}{16}=$

(4) $4\frac{5}{12}-2\frac{10}{12}=$

(5) $8\frac{1}{5}-2\frac{3}{5}=$

(6) $9-7\frac{1}{11}=$

(7) $4\frac{10}{16}-2\frac{11}{16}=$

(8) $7\frac{13}{28}-3\frac{16}{28}=$

(9) $2\frac{16}{21}-1\frac{17}{21}=$

(10) $4-1\frac{6}{7}=$

(11) $2\frac{7}{15}-\frac{11}{15}=$

(12) $3\frac{5}{13}-1\frac{7}{13}=$

(13) $2-1\frac{13}{25}=$

(14) $5\frac{2}{4}-1\frac{3}{4}=$

(15) $7\frac{3}{8}-2\frac{6}{8}=$

(16) $8-\frac{3}{10}=$

(17) $3\frac{11}{18}-1\frac{16}{18}=$

(18) $6\frac{1}{6}-2\frac{2}{6}=$

(19) $5\frac{6}{22}-3\frac{15}{22}=$

(20) $4\frac{7}{11}-3\frac{10}{11}=$

(21) $2\frac{15}{29}-1\frac{24}{29}=$

(22) $5-2\frac{11}{14}=$

(23) $8\frac{1}{3}-1\frac{2}{3}=$

(24) $7\frac{5}{17}-5\frac{12}{17}=$

(25) $2\frac{5}{26}-\frac{16}{26}=$

(26) $5-\frac{7}{12}=$

(27) $4\frac{10}{19}-1\frac{17}{19}=$

(28) $8\frac{3}{9}-4\frac{5}{9}=$

(29) $6-1\frac{7}{24}=$

(30) $5\frac{1}{16}-3\frac{4}{16}=$

월 일 이름

표준 완성 시간 4~5분

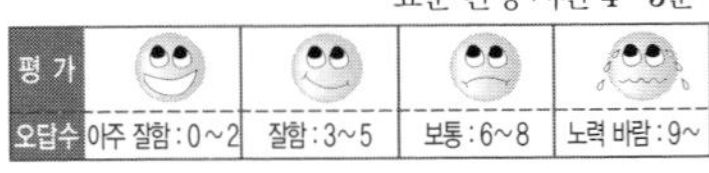

평가				
오답수	아주 잘함 : 0~2	잘함 : 3~5	보통 : 6~8	노력 바람 : 9~

부모 확인란

✽ 분수의 뺄셈을 하시오.

(1) $1\frac{2}{12}-\frac{7}{12}=\frac{14}{12}-\frac{7}{12}=\frac{7}{12}$

(2) $6-4\frac{1}{2}=$

(3) $3\frac{4}{6}-2\frac{5}{6}=$

(4) $2\frac{14}{20}-1\frac{17}{20}=$

(5) $4\frac{4}{13}-2\frac{7}{13}=$

(6) $9\frac{8}{10}-8\frac{9}{10}=$

(7) $8-\frac{5}{18}=$

(8) $2\frac{1}{26}-1\frac{8}{26}=$

(9) $4\frac{13}{24}-\frac{18}{24}=$

(10) $9\frac{2}{5}-4\frac{4}{5}=$

(11) $6\frac{3}{7}-2\frac{4}{7}=$

(12) $5\frac{5}{28}-3\frac{16}{28}=$

(13) $8-\frac{11}{18}=$

(14) $9\frac{11}{14}-4\frac{12}{14}=$

(15) $10\frac{2}{8}-3\frac{5}{8}=$

(16) $7\frac{3}{21}-6\frac{17}{21}=$

(17) $5\frac{5}{25}-1\frac{13}{25}=$

(18) $3\frac{6}{15}-2\frac{13}{15}=$

(19) $8\frac{1}{4}-5\frac{2}{4}=$

(20) $6-2\frac{5}{16}=$

(21) $4\frac{11}{30}-\frac{18}{30}=$

(22) $5\frac{17}{23}-3\frac{20}{23}=$

(23) $6\frac{6}{13}-1\frac{7}{13}=$

(24) $8\frac{1}{3}-2\frac{2}{3}=$

(25) $5-3\frac{11}{17}=$

(26) $8\frac{13}{29}-4\frac{15}{29}=$

(27) $6\frac{3}{27}-4\frac{10}{27}=$

(28) $5\frac{6}{14}-3\frac{11}{14}=$

(29) $9\frac{9}{18}-2\frac{10}{18}=$

(30) $4-\frac{6}{11}=$

49회 분수의 뺄셈

동분모분수의 뺄셈 (10)

 월  일 이름

표준 완성 시간 4~5분

평가				
오답수	아주 잘함 : 0~2	잘함 : 3~5	보통 : 6~8	노력 바람 : 9~

부모 확인란

✲ 분수의 뺄셈을 하시오.

(1) $8\frac{3}{8}-7\frac{6}{8}=7\frac{11}{8}-7\frac{6}{8}=\frac{5}{8}$

(2) $9-5\frac{1}{2}=$

(3) $8\frac{5}{9}-3\frac{7}{9}=$

(4) $1-\frac{11}{17}=$

(5) $5\frac{3}{10}-\frac{6}{10}=$

(6) $8\frac{2}{6}-5\frac{3}{6}=$

(7) $7\frac{13}{19}-2\frac{15}{19}=$

(8) $6\frac{2}{7}-5\frac{6}{7}=$

(9) $4\frac{11}{20}-3\frac{14}{20}=$

(10) $11\frac{1}{5}-3\frac{4}{5}=$

(11) $5\frac{3}{19}-3\frac{13}{19}=$

(12) $3-2\frac{13}{21}=$

(13) $4\frac{13}{24}-2\frac{18}{24}=$

(14) $6\frac{2}{18}-1\frac{13}{18}=$

(15) $5\frac{11}{20}-\frac{18}{20}=$

(16) $5\frac{16}{29}-2\frac{18}{29}=$

(17) $4\frac{7}{21}-3\frac{9}{21}=$

(18) $8\frac{11}{22}-4\frac{20}{22}=$

(19) $6\frac{6}{15}-2\frac{7}{15}=$

(20) $8\frac{1}{26}-5\frac{12}{26}=$

(21) $4-2\frac{13}{14}=$

(22) $5\frac{14}{30}-1\frac{25}{30}=$

(23) $12\frac{1}{4}-7\frac{2}{4}=$

(24) $6-\frac{5}{23}=$

(25) $7\frac{13}{27}-6\frac{20}{27}=$

(26) $10-1\frac{5}{16}=$

(27) $8\frac{19}{28}-\frac{24}{28}=$

(28) $13\frac{1}{3}-2\frac{2}{3}=$

(29) $6\frac{6}{18}-5\frac{13}{18}=$

(30) $6\frac{1}{25}-4\frac{14}{25}=$

분수끼리 뺄 수 없으면 자연수 1만큼을 분수로 고쳐 빼 줍니다.

50회 나눗셈 2

(세 자리 수)÷(두 자리 수) (1)

 월  일 이름

표준 완성 시간 4~5분

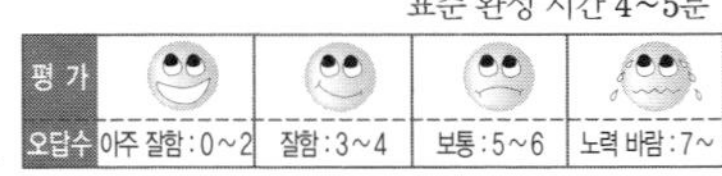

부모 확인란

1. 나눗셈을 하시오.

(1) $252 \div 36$ (풀이 예: 몫 7, 252, 0)

(2) $176 \div 22$

(3) $171 \div 19$

(4) $252 \div 63$

(5) $126 \div 14$

(6) $276 \div 46$

(7) $260 \div 52$

(8) $688 \div 86$

(9) $335 \div 67$

(10) $360 \div 45$

(11) $511 \div 73$

(12) $270 \div 54$

2. 나눗셈을 하시오.

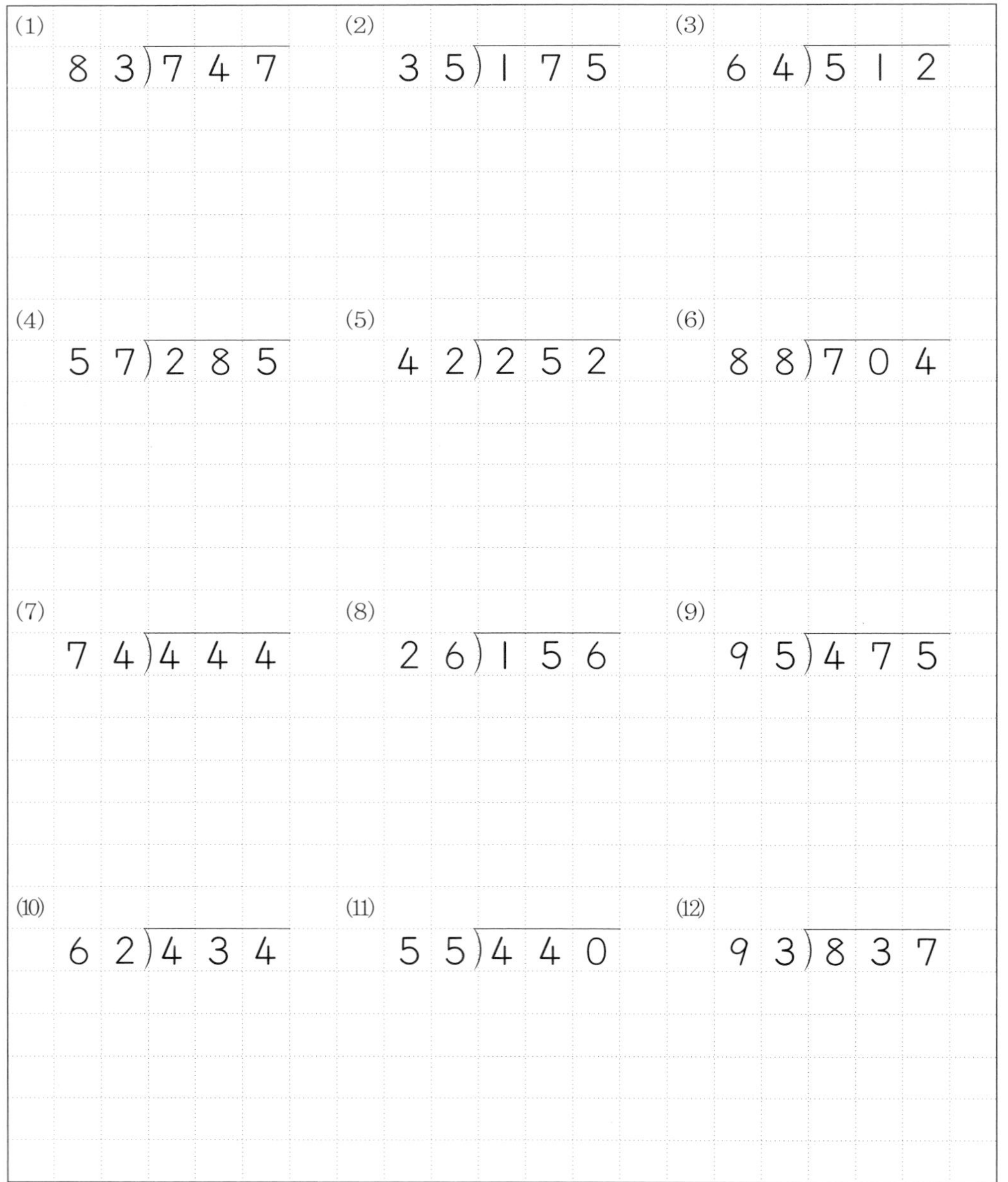

(1) $747 \div 83$

(2) $175 \div 35$

(3) $512 \div 64$

(4) $285 \div 57$

(5) $252 \div 42$

(6) $704 \div 88$

(7) $444 \div 74$

(8) $156 \div 26$

(9) $475 \div 95$

(10) $434 \div 62$

(11) $440 \div 55$

(12) $837 \div 93$

51회 나눗셈 2 (세 자리 수)÷(두 자리 수) (2)

월 일 이름

표준 완성 시간 4~5분

평가				
오답수	아주 잘함 : 0~2	잘함 : 3~4	보통 : 5~6	노력 바람 : 7~

부모 확인란

1. 나눗셈을 하시오.

(1) $1154 \div 11$ (예시: 몫 11, 11, 44, 44, 0)

(2) $540 \div 27$

(3) $336 \div 16$

(4) $770 \div 35$

(5) $825 \div 25$

(6) $672 \div 48$

(7) $312 \div 24$

(8) $954 \div 53$

(9) $980 \div 70$

2. 나눗셈을 하시오.

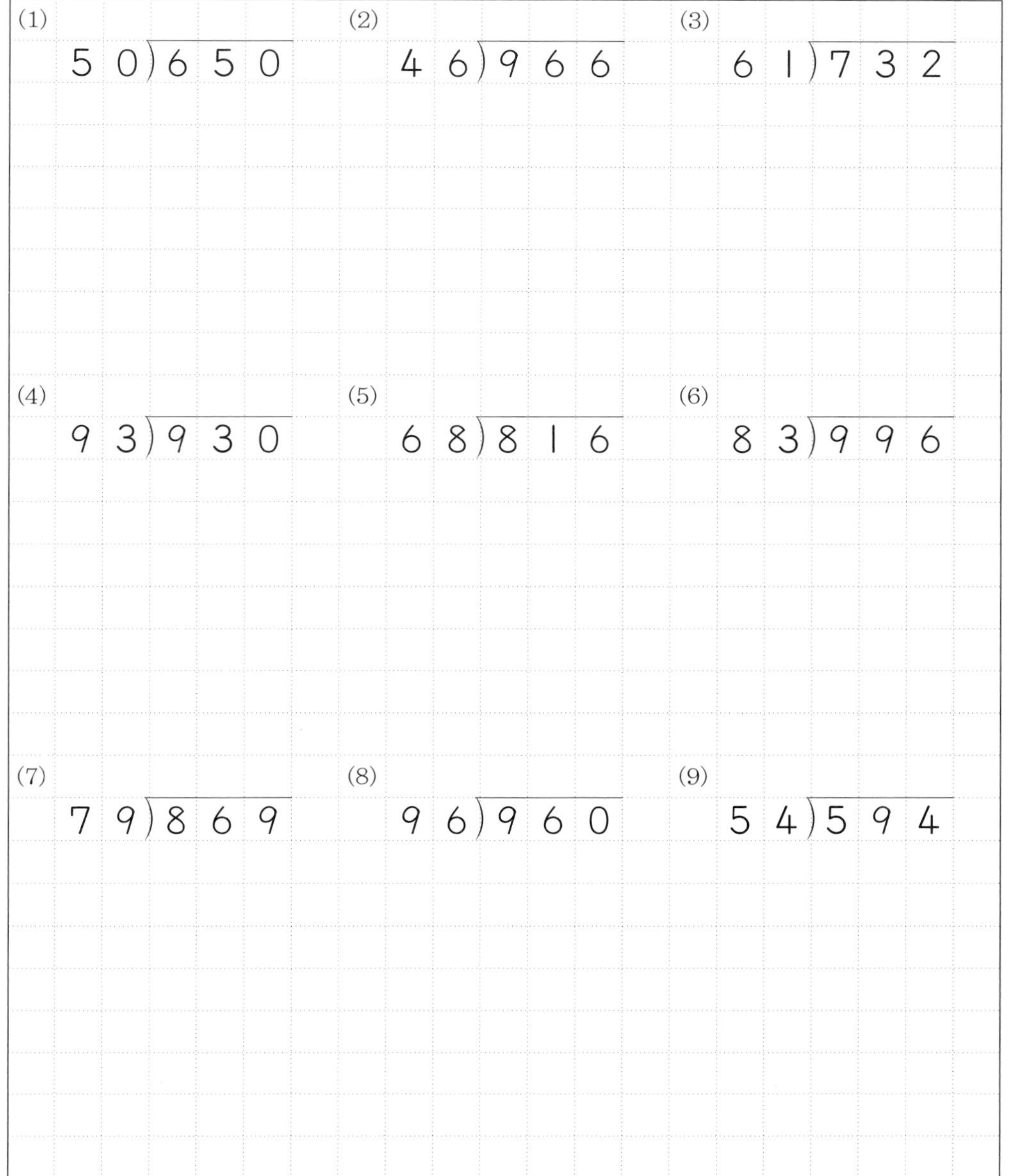

(1) $650 \div 50$

(2) $966 \div 46$

(3) $732 \div 61$

(4) $930 \div 93$

(5) $816 \div 68$

(6) $996 \div 83$

(7) $869 \div 79$

(8) $960 \div 96$

(9) $594 \div 54$

52회 나눗셈 2

(네 자리 수)÷(두 자리 수) (1)

 월  일 이름

표준 완성 시간 5~6분

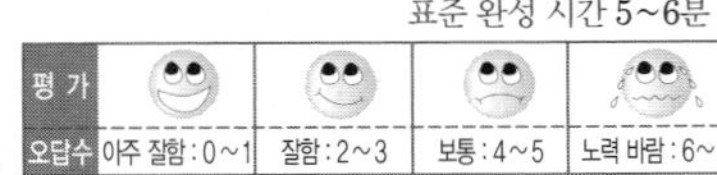

부모 확인란

1. 나눗셈을 하시오.

(1) 97)3007 (예시: 몫 31, 291, 97, 97, 0)

(2) 49)1519

(3) 74)1924

(4) 64)1792

(5) 36)2268

(6) 59)2065

(7) 47)3384

(8) 82)3198

2. 나눗셈을 하시오.

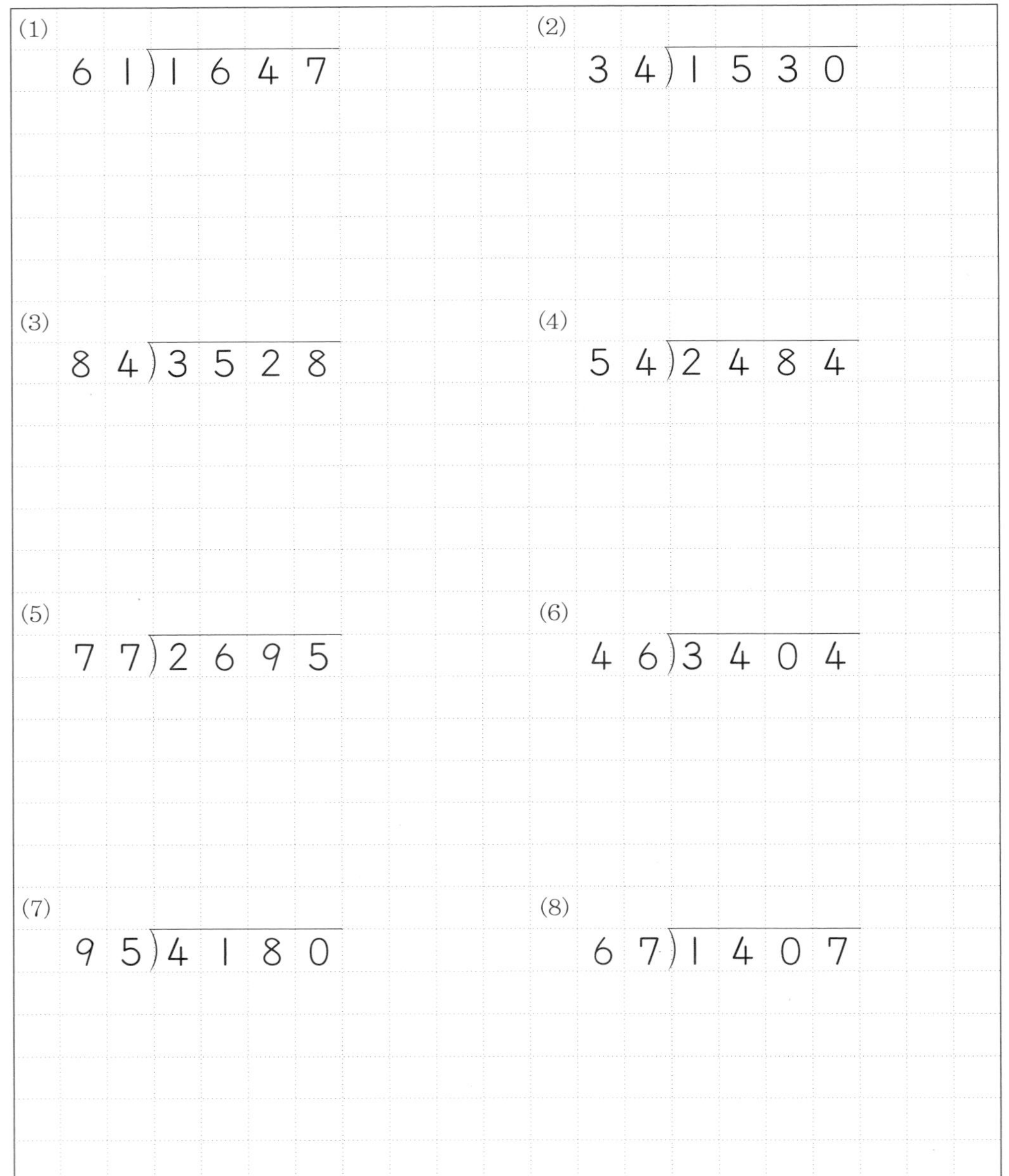

(1) 61)1647

(2) 34)1530

(3) 84)3528

(4) 54)2484

(5) 77)2695

(6) 46)3404

(7) 95)4180

(8) 67)1407

나눗셈 2

(네 자리 수)÷(두 자리 수) (2)

월

일 이름

표준 완성 시간 5~6분

평가				
오답수	아주 잘함 : 0~1	잘함 : 2~3	보통 : 4~5	노력 바람 : 6~

부모 확인란

1. 나눗셈을 하시오.

(1) 86)5504 (예시: 몫 64, 516, 344, 344, 0)

(2) 62)3162

(3) 55)1320

(4) 41)2747

(5) 96)5088

(6) 39)2223

(7) 71)4473

(8) 58)3596

2. 나눗셈을 하시오.

(1) 56)4592

(2) 76)2660

(3) 44)3784

(4) 87)2871

(5) 63)2961

(6) 92)6072

(7) 35)1470

(8) 43)4214

평가	아주 잘함	잘함	보통	노력 바람
오답수	0~1	2~3	4~5	6~

표준 완성 시간 5~6분

부모 확인란

1. 나눗셈을 하시오.

(1) $1824 \div 32 = 57$ (예시: $32 \times 50 = 1600$, $1824 - 1600 = 224$, $32 \times 7 = 224$, 나머지 0)

(2) $2925 \div 75$

(3) $3318 \div 42$

(4) $3276 \div 52$

(5) $5208 \div 93$

(6) $4212 \div 81$

(7) $3036 \div 66$

(8) $2553 \div 37$

2. 나눗셈을 하시오.

(1) $4161 \div 73$

(2) $2436 \div 58$

(3) $2538 \div 94$

(4) $1518 \div 33$

(5) $4692 \div 69$

(6) $3570 \div 85$

(7) $5544 \div 99$

(8) $3318 \div 79$

월

일 이름

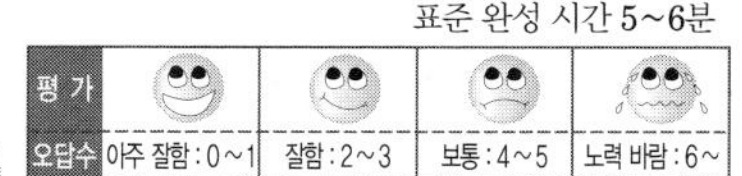

부모 확인란

1. 나눗셈을 하시오.

(1) 45)2070 → 몫 46
 180
 270
 270
 0

(2) 78)4914

(3) 38)1938

(4) 53)3286

(5) 91)2912

(6) 68)1224

(7) 89)3738

(8) 51)3162

2. 나눗셈을 하시오.

(1) 31)2015

(2) 72)3456

(3) 57)2337

(4) 98)6762

(5) 48)1680

(6) 65)4615

(7) 83)3154

(8) 46)1886

56회 나눗셈 2

(네 자리 수)÷(두 자리 수) (5)

 월  일 이름

표준 완성 시간 5~6분

부모 확인란

1. 나눗셈을 하시오.

(1) 94)5546

```
      5 9
94)5 5 4 6
   4 7 0
     8 4 6
     8 4 6
         0
```

(2) 37)1665

(3) 45)2790

(4) 76)4864

(5) 63)3276

(6) 88)4136

(7) 52)4732

(8) 31)2201

2. 나눗셈을 하시오.

(1) 82)3854

(2) 93)6045

(3) 54)2268

(4) 35)2485

(5) 69)3726

(6) 75)1800

(7) 41)1517

(8) 87)4524

57회 나눗셈 2

(네 자리 수)÷(두 자리 수) (6)

월 일 이름

표준 완성 시간 5~6분

평가				
오답수	아주 잘함 : 0~1	잘함 : 2~3	보통 : 4~5	노력 바람 : 6~

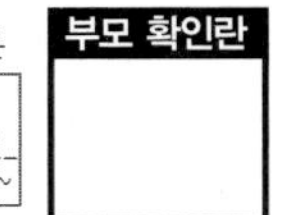

부모 확인란

1. 나눗셈을 하시오.

(1) $68\overline{)1972}$ (예시 풀이: 몫 29, 136, 612, 612, 0)

(2) $59\overline{)2655}$

(3) $89\overline{)1335}$

(4) $73\overline{)3285}$

(5) $96\overline{)6912}$

(6) $33\overline{)2343}$

(7) $42\overline{)3150}$

(8) $64\overline{)4416}$

2. 나눗셈을 하시오.

(1) $88\overline{)2816}$

(2) $49\overline{)3528}$

(3) $58\overline{)2494}$

(4) $84\overline{)4368}$

(5) $61\overline{)1403}$

(6) $77\overline{)5313}$

(7) $36\overline{)2556}$

(8) $71\overline{)4189}$

1. 나눗셈을 하시오.

(1) 32)2336 — 예시: 몫 73, 224, 96, 96, 0

(2) 97)3298

(3) 65)2730

(4) 44)1408

(5) 56)1288

(6) 83)4399

(7) 79)5135

(8) 51)3213

2. 나눗셈을 하시오.

(1) 92)4508

(2) 57)3705

(3) 48)1776

(4) 74)6290

(5) 66)2178

(6) 39)2028

(7) 85)7140

(8) 91)3003

나눗셈 2

(네 자리 수)÷(두 자리 수) (8)

월

일 이름

표준 완성 시간 5~6분

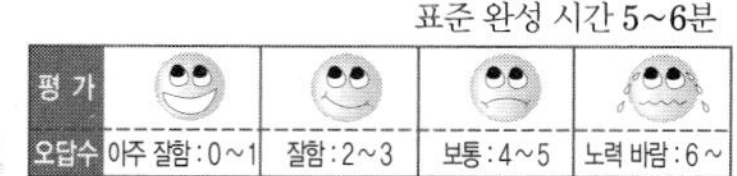

평가				
오답수	아주 잘함 : 0~1	잘함 : 2~3	보통 : 4~5	노력 바람 : 6~

부모 확인란

1. 나눗셈을 하시오.

(1) 62)3224 (예시: 몫 52; 310, 124, 124, 0)

(2) 53)2491

(3) 95)6175

(4) 81)7371

(5) 34)1870

(6) 78)4446

(7) 43)2666

(8) 67)3015

2. 나눗셈을 하시오.

(1) 55)2420

(2) 86)5590

(3) 72)5112

(4) 38)1482

(5) 99)4158

(6) 46)3634

(7) 84)2772

(8) 47)1598

월

일 이름

표준 완성 시간 5~6분

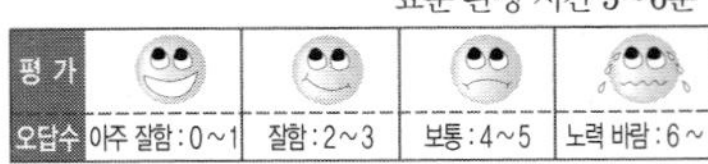

평가				
오답수	아주 잘함 : 0~1	잘함 : 2~3	보통 : 4~5	노력 바람 : 6~

부모 확인란

1. 나눗셈을 하시오.

(1) $3658 \div 62$ (예시: 몫 59, 310, 558, 558, 0)

(2) $4048 \div 88$

(3) $1974 \div 47$

(4) $2726 \div 94$

(5) $3116 \div 76$

(6) $1674 \div 31$

(7) $2067 \div 53$

(8) $4165 \div 49$

2. 나눗셈을 하시오.

(1) $7350 \div 98$

(2) $2255 \div 55$

(3) $3264 \div 64$

(4) $1332 \div 36$

(5) $2187 \div 81$

(6) $4029 \div 79$

(7) $1508 \div 52$

(8) $3096 \div 43$

61회 나눗셈 2

(네 자리 수)÷(두 자리 수) (10)

월 일 이름

표준 완성 시간 5~6분

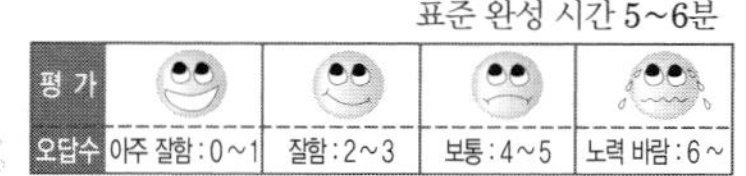

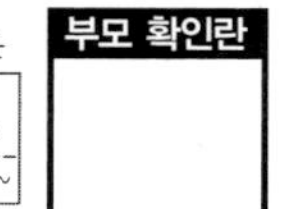

1. 나눗셈을 하시오.

(1) $36\overline{)1764}$ (몫 49; 144, 324, 324, 0)

(2) $95\overline{)2090}$

(3) $64\overline{)5632}$

(4) $53\overline{)4293}$

(5) $41\overline{)3485}$

(6) $89\overline{)1157}$

(7) $77\overline{)3157}$

(8) $32\overline{)2912}$

2. 나눗셈을 하시오.

(1) $35\overline{)1085}$

(2) $66\overline{)2376}$

(3) $47\overline{)3666}$

(4) $71\overline{)4118}$

(5) $82\overline{)5904}$

(6) $58\overline{)1682}$

(7) $94\overline{)2538}$

(8) $83\overline{)7055}$

1. 나눗셈을 하시오.

(1) 45)2340 (5, 225)

(2) 61)5246

(3) 87)3132

(4) 58)4234

(5) 93)6789

(6) 32)3008

(7) 74)2146

(8) 39)1053

2. 나눗셈을 하시오.

(1) 72)4752

(2) 83)3071

(3) 34)2278

(4) 67)3618

(5) 41)1189

(6) 96)7200

(7) 59)5546

(8) 48)2160

63회 **나눗셈 2** (네 자리 수)÷(두 자리 수) (12)

월 일 이름

표준 완성 시간 5~6분

평가				
오답수	아주 잘함 : 0~1	잘함 : 2~3	보통 : 4~5	노력 바람 : 6~

부모 확인란

1. 나눗셈을 하시오.

(1) $76\overline{)3192}$ (몫 4, 304)

(2) $57\overline{)4332}$

(3) $65\overline{)1105}$

(4) $86\overline{)6278}$

(5) $99\overline{)5049}$

(6) $31\overline{)2542}$

(7) $79\overline{)1817}$

(8) $48\overline{)4176}$

2. 나눗셈을 하시오.

(1) $63\overline{)2205}$

(2) $38\overline{)3002}$

(3) $49\overline{)3479}$

(4) $93\overline{)4743}$

(5) $52\overline{)1612}$

(6) $44\overline{)2508}$

(7) $75\overline{)5325}$

(8) $86\overline{)4042}$

나눗셈 2

(네 자리 수)÷(두 자리 수) ⒀

월

일 이름

표준 완성 시간 5~6분

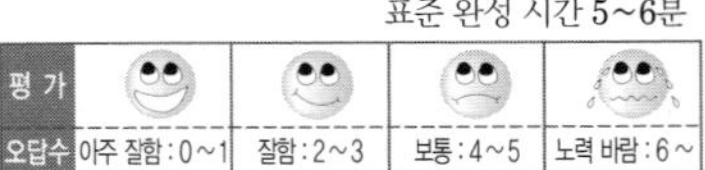

평가				
오답수	아주 잘함 : 0~1	잘함 : 2~3	보통 : 4~5	노력 바람 : 6~

부모 확인란

1. 나눗셈을 하시오.

(1) 61)4026

(2) 46)1656

(3) 78)6474

(4) 34)2822

(5) 55)2255

(6) 92)3312

(7) 69)5727

(8) 97)7566

2. 나눗셈을 하시오.

(1) 42)2562

(2) 96)6048

(3) 67)2613

(4) 33)1353

(5) 85)4930

(6) 74)3478

(7) 88)5456

(8) 51)3672

65회 나눗셈 2

(네 자리 수)÷(두 자리 수) (14)

월 일 이름

표준 완성 시간 5~6분

평가				
오답수	아주 잘함 : 0~1	잘함 : 2~3	보통 : 4~5	노력 바람 : 6~

부모 확인란

1. 나눗셈을 하시오.

(1) $43\overline{)3956}$ (9, 387)

(2) $68\overline{)2652}$

(3) $75\overline{)5325}$

(4) $56\overline{)3416}$

(5) $87\overline{)4524}$

(6) $39\overline{)2769}$

(7) $91\overline{)8463}$

(8) $72\overline{)1656}$

2. 나눗셈을 하시오.

(1) $98\overline{)5684}$

(2) $62\overline{)1612}$

(3) $54\overline{)3942}$

(4) $37\overline{)2294}$

(5) $81\overline{)3483}$

(6) $45\overline{)1935}$

(7) $73\overline{)2555}$

(8) $59\overline{)4602}$

나눗셈 2

(네 자리 수)÷(두 자리 수) (15)

월 일 이름

표준 완성 시간 5~6분

평가				
오답수	아주 잘함 : 0~1	잘함 : 2~3	보통 : 4~5	노력 바람 : 6~

부모 확인란

1. 나눗셈을 하시오.

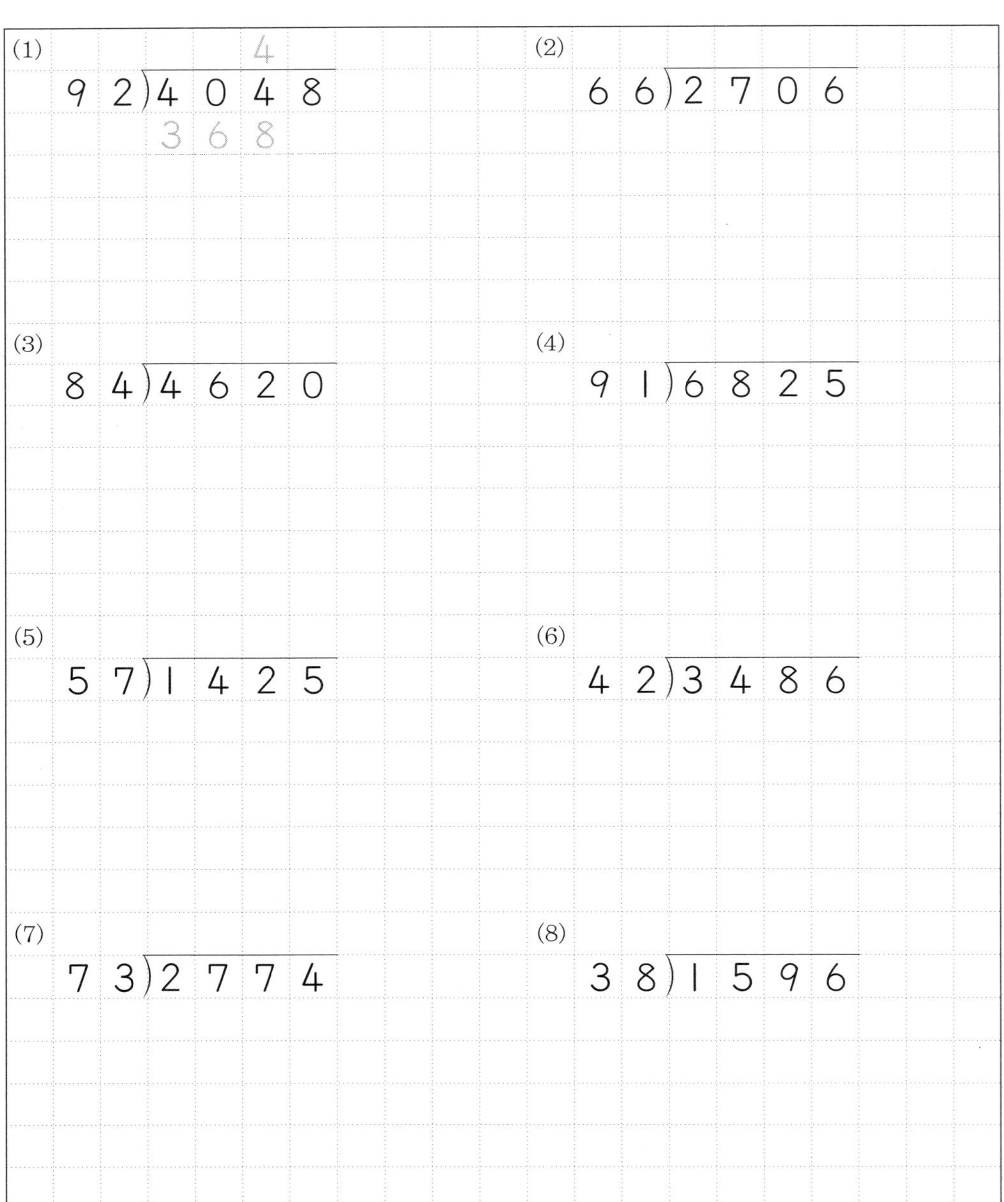

(1) 92)4048 (4, 368)

(2) 66)2706

(3) 84)4620

(4) 91)6825

(5) 57)1425

(6) 42)3486

(7) 73)2774

(8) 38)1596

2. 나눗셈을 하시오.

(1) 44)3124

(2) 68)2312

(3) 82)4510

(4) 71)4047

(5) 97)5044

(6) 35)1855

(7) 63)3717

(8) 56)2184

67회 나눗셈 2 (네 자리 수)÷(두 자리 수) (16)

 월  일 이름

표준 완성 시간 5~6분

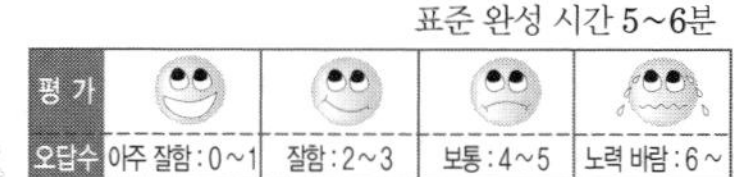

평가				
오답수	아주 잘함 : 0~1	잘함 : 2~3	보통 : 4~5	노력 바람 : 6~

부모 확인란

1. 나눗셈을 하시오.

(1) $85\overline{)3995}$ (4, 340)

(2) $51\overline{)4233}$

(3) $69\overline{)2346}$

(4) $77\overline{)4158}$

(5) $99\overline{)7425}$

(6) $46\overline{)1656}$

(7) $33\overline{)1551}$

(8) $65\overline{)5395}$

2. 나눗셈을 하시오.

(1) $78\overline{)3666}$

(2) $95\overline{)6840}$

(3) $43\overline{)2709}$

(4) $54\overline{)1998}$

(5) $37\overline{)1147}$

(6) $89\overline{)2225}$

(7) $91\overline{)4732}$

(8) $62\overline{)3906}$

사칙 혼합 계산

괄호가 있는 식의 혼합 계산

월 일 이름

표준 완성 시간 4~5분

평가				
오답수	아주 잘함 : 0~1	잘함 : 2~3	보통 : 4~5	노력 바람 : 6~

부모 확인란

1. 다음 보기 와 같이 계산하시오.

보기

1 계산은 보통 왼쪽부터 순서대로 합니다.

2 ( )가 있을 경우에는 ( ) 안에 있는 것을 먼저 계산합니다.

예 $30-(12+9)=9$

① $12+9=21$ ② $30-21=9$

(1) $16-(11-4)=9$

(2) $11-(13-5)=\square$

(3) $24-(7+6)=\square$

(4) $30-(6+9)=\square$

(5) $(15+7)\times4=\square$

(6) $(19-5)\times5=\square$

(7) $(17+7)\div6=\square$

(8) $(28-4)\div8=\square$

2. 다음을 계산하시오.

(1) $28-(16-7)=\square$

(2) $32-(19-5)=\square$

(3) $27-(8+9)=\square$

(4) $(14+6)\times2=\square$

(5) $(57-17)\times3=\square$

(6) $(35+14)\div7=\square$

(7) $(83-18)\div5=\square$

(8) $25\times(13+17)=\square$

(9) $62\times(17+13)=\square$

(10) $49\div(21-14)=\square$

사칙 혼합 계산

괄호가 없는 식의 혼합 계산

월 일 이름

표준 완성 시간 4~5분

평가				
오답수	아주 잘함 : 0~1	잘함 : 2~3	보통 : 4~5	노력 바람 : 6~

부모 확인란

1. 다음 보기 와 같이 계산하시오.

> 보기
>
> 1 계산은 보통 왼쪽부터 순서대로 합니다.
>
> 2 +, −, ×, ÷가 섞여 있는 식에서는 ×, ÷를 먼저 계산합니다.
>
> 예 $16+8\div2=$ 20
>
> ① $8\div2=4$ ② $16+4=20$

(1) $17+15\div3=$ 22

(2) $18-12\div3=$ □

(3) $33-6\times2=$ □

(4) $36+4\times6=$ □

(5) $7\times7+6=$ □

(6) $42\div7+14=$ □

(7) $6\times9-5=$ □

(8) $72\div8-6=$ □

2. 다음을 계산하시오.

(1) $38+3\times4=$ □

(2) $40\div8+53=$ □

(3) $56\div7-36\div9=$ □

(4) $6\times3+5\times5=$ □

(5) $14\times5+28\div4=$ □

(6) $81\div9+30\div6=$ □

(7) $45\div5-16\div2=$ □

(8) $6\times4-8\div2=$ □

(9) $36\div9+5\times4=$ □

(10) $6\times9-72\div8=$ □

70회 사칙 혼합 계산 두 식을 한 식으로 만들기

월 일 이름

표준 완성 시간 4~5분

부모 확인란

1. 다음의 두 식을 ( )를 써서 하나의 식으로 만들고, 계산을 하시오.

(1) $4+3$ / $9-7$

$9-(4+3)=2$

(2) $4+2$ / 3×6

(3) $5+6$ / 11×3

(4) $8-3$ / 6×5

(5) $10-3$ / 7×4

(6) $15-7$ / $8\div2$

(7) $16+4$ / $20\div4$

(8) $7+2$ / $27\div9$

(9) $15-2$ / $39\div13$

(10) $22+4$ / $26\div2$

2. 다음의 두 식을 하나의 식으로 만들고, 계산을 하시오.

(1) ㉠ 4×5 ㉡ $14\div7$

㉠+㉡

$4\times5+14\div7=22$

(2) ㉠ $9\div3$ ㉡ 4×4

㉠+㉡

(3) ㉠ 5×7 ㉡ $48\div8$

㉠−㉡

(4) ㉠ 9×3 ㉡ $14\div2$

㉠−㉡

(5) ㉠ $45\div9$ ㉡ 7×6

㉠+㉡

(6) ㉠ $6\div2$ ㉡ $10\div5$

㉠+㉡

(7) ㉠ 9×8 ㉡ 4×5

㉠+㉡

(8) ㉠ 3×9 ㉡ $32\div4$

㉠−㉡

소수의 덧셈 1 소수 한 자리 수의 덧셈 (1)

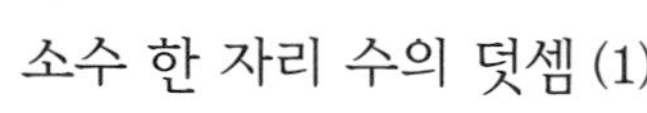

월

일 이름

표준 완성 시간 4~5분

평가				
오답수	아주 잘함 : 0~2	잘함 : 3~5	보통 : 6~8	노력 바람 : 9~

부모 확인란

1. 소수의 덧셈을 하시오.

(1) 0.2+0.2=0.4　(2) 0.3+0.5=

(3) 0.7+0.1=　(4) 0.5+0.2=

(5) 0.4+0.6=　(6) 0.6+0.3=

(7) 0.5+0.4=　(8) 0.8+0.2=

(9) 0.4+0.3=　(10) 0.3+0.7=

(11) 0.6+0.2=　(12) 0.4+0.1=

(13) 0.1+0.7=　(14) 0.2+0.5=

(15) 0.3+0.2=　(16) 0.1+0.5=

(17) 0.4+0.4=　(18) 0.2+0.4=

(19) 0.7+0.2=　(20) 0.2+0.8=

(21) 0.2+0.6=　(22) 0.1+0.2=

(23) 0.2+0.3=　(24) 0.8+0.1=

2. 소수의 덧셈을 하시오.

(1) 0.3+0.6=　(2) 0.9+0.1=

(3) 0.1+0.8=　(4) 0.4+0.2=

(5) 0.5+0.3=　(6) 0.3+0.4=

(7) 0.6+0.1=　(8) 0.1+0.1=

(9) 0.5+0.5=　(10) 0.1+0.9=

(11) 0.6+0.4=　(12) 0.5+0.1=

(13) 0.2+0.7=　(14) 0.1+0.3=

(15) 0.3+0.3=　(16) 0.4+0.4=

(17) 0.7+0.3=

(18) 0.3+0.1=

(19) 0.4+0.5=

(20) 0.1+0.5=

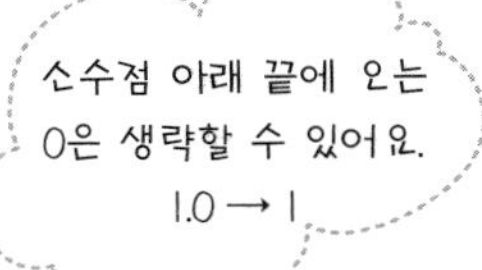

소수점 아래 끝에 오는
0은 생략할 수 있어요.
1.0 → 1

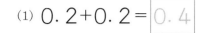

소수의 덧셈 1 소수 한 자리 수의 덧셈 (2)

월 일 이름

표준 완성 시간 4~5분

평가				
오답수	아주 잘함 : 0~2	잘함 : 3~5	보통 : 6~8	노력 바람 : 9~

부모 확인란

1. 소수의 덧셈을 하시오.

(1) 0.2+0.4= 0.6

(2) 0.1+0.6=

(3) 0.1+0.9=

(4) 0.6+0.3=

(5) 0.4+0.6=

(6) 0.2+0.2=

(7) 0.1+0.3=

(8) 0.2+0.8=

(9) 0.7+0.2=

(10) 0.4+0.2=

(11) 0.4+0.1=

(12) 0.1+0.1=

(13) 0.3+0.1=

(14) 0.6+0.2=

(15) 0.5+0.4=

(16) 0.4+0.4=

(17) 0.2+0.6=

(18) 0.9+0.1=

(19) 0.1+0.4=

(20) 0.2+0.5=

(21) 0.3+0.6=

(22) 0.5+0.1=

(23) 0.2+0.7=

(24) 0.6+0.4=

2. 소수의 덧셈을 하시오.

(1) 0.5+0.2=

(2) 0.1+0.8=

(3) 0.5+0.5=

(4) 0.3+0.4=

(5) 0.3+0.2=

(6) 0.2+0.1=

(7) 0.4+0.3=

(8) 0.8+0.2=

(9) 0.1+0.5=

(10) 0.3+0.5=

(11) 0.1+0.2=

(12) 0.4+0.5=

(13) 0.6+0.1=

(14) 0.2+0.2=

(15) 0.1+0.7=

(16) 0.8+0.1=

(17) 0.7+0.1=

(18) 0.1+0.6=

(19) 0.3+0.7=

(20) 0.6+0.2=

(21) 0.2+0.3=

(22) 0.3+0.3=

(23) 0.5+0.3=

(24) 0.7+0.3=

소수의 덧셈 1 소수 한 자리 수의 덧셈 (3)

월 일 이름

평가				
오답수	아주 잘함 : 0~2	잘함 : 3~5	보통 : 6~8	노력 바람 : 9~

표준 완성 시간 4~5분

부모 확인란

1. 소수의 덧셈을 하시오.

(1) 0.3+0.2= 0.5　(2) 0.2+0.8=

(3) 0.2+0.6=　(4) 0.4+0.2=

(5) 0.3+0.1=　(6) 0.1+0.1=

(7) 0.5+0.4=　(8) 0.2+0.2=

(9) 0.2+0.5=　(10) 0.5+0.3=

(11) 0.8+0.2=　(12) 0.1+0.8=

(13) 0.4+0.3=　(14) 0.1+0.5=

(15) 0.4+0.5=　(16) 0.2+0.3=

(17) 0.7+0.2=　(18) 0.2+0.4=

(19) 0.1+0.4=　(20) 0.8+0.1=

(21) 0.3+0.7=　(22) 0.1+0.6=

(23) 0.3+0.4=　(24) 0.6+0.4=

2. 소수의 덧셈을 하시오.

(1) 0.7+0.1=　(2) 0.5+0.1=

(3) 0.3+0.6=　(4) 0.4+0.1=

(5) 0.1+0.9=　(6) 0.2+0.8=

(7) 0.2+0.6=　(8) 0.1+0.7=

(9) 0.1+0.2=　(10) 0.6+0.2=

(11) 0.5+0.5=　(12) 0.3+0.4=

(13) 0.4+0.3=　(14) 0.2+0.7=

(15) 0.5+0.2=　(16) 0.7+0.3=

(17) 0.3+0.3=　(18) 0.3+0.2=

(19) 0.1+0.3=　(20) 0.2+0.1=

(21) 0.6+0.1=　(22) 0.3+0.5=

(23) 0.6+0.3=　(24) 0.1+0.5=

소수의 덧셈 1 소수 한 자리 수의 덧셈 (4)

월 일 이름

표준 완성 시간 4~5분

평가				
오답수	아주 잘함 : 0~2	잘함 : 3~5	보통 : 6~8	노력 바람 : 9~

부모 확인란

1. 소수의 덧셈을 하시오.

(1) 0.1+0.6= 0.7 (2) 0.4+0.2=

(3) 0.3+0.6= (4) 0.4+0.3=

(5) 0.5+0.3= (6) 0.9+0.1=

(7) 0.2+0.7= (8) 0.1+0.9=

(9) 0.7+0.2= (10) 0.8+0.1=

(11) 0.2+0.8= (12) 0.3+0.3=

(13) 0.1+0.1= (14) 0.5+0.1=

(15) 0.5+0.2= (16) 0.2+0.2=

(17) 0.2+0.3= (18) 0.3+0.1=

(19) 0.2+0.5= (20) 0.6+0.2=

(21) 0.8+0.2= (22) 0.2+0.7=

(23) 0.3+0.2= (24) 0.4+0.1=

2. 소수의 덧셈을 하시오.

(1) 0.2+0.4= (2) 0.3+0.4=

(3) 0.7+0.3= (4) 0.6+0.2=

(5) 0.1+0.7= (6) 0.1+0.5=

(7) 0.2+0.1= (8) 0.4+0.4=

(9) 0.7+0.1= (10) 0.1+0.1=

(11) 0.3+0.7= (12) 0.6+0.1=

(13) 0.2+0.6= (14) 0.1+0.3=

(15) 0.4+0.5= (16) 0.2+0.7=

(17) 0.3+0.2= (18) 0.5+0.4=

(19) 0.1+0.8= (20) 0.4+0.6=

(21) 0.1+0.4= (22) 0.2+0.4=

(23) 0.5+0.5= (24) 0.6+0.4=

75회 소수의 덧셈 2 소수 두 자리 수의 덧셈 (1)

월 일 이름

표준 완성 시간 5~6분

평가				
오답수	아주 잘함 : 0~2	잘함 : 3~5	보통 : 6~8	노력 바람 : 9~

부모 확인란

1. 소수의 덧셈을 하시오.

(1) 0.04+0.3 = 0.34

(2) 0.45+0.08 =

(3) 0.43+0.27 =

(4) 0.52+0.6 =

(5) 0.1+0.03 =

(6) 0.08+0.06 =

(7) 0.2+0.19 =

(8) 0.83+0.7 =

(9) 0.8+0.04 =

(10) 0.4+0.48 =

(11) 0.06+0.03 =

(12) 0.04+0.09 =

(13) 0.03+0.07 =

(14) 0.7+0.01 =

(15) 0.27+0.23 =

(16) 0.62+0.38 =

(17) 0.2+0.78 =

(18) 0.46+0.44 =

(19) 0.02+0.03 =

(20) 6+0.01 =

(21) 0.09+0.01 =

(22) 0.93+0.7 =

(23) 0.8+0.07 =

(24) 0.68+0.02 =

2. 소수의 덧셈을 하시오.

(1) 0.02+0.05 =

(2) 0.01+0.6 =

(3) 0.03+0.05 =

(4) 0.42+0.8 =

(5) 0.07+0.07 =

(6) 0.04+0.56 =

(7) 0.76+0.4 =

(8) 0.06+0.05 =

(9) 0.64+0.36 =

(10) 0.05+0.95 =

(11) 0.24+0.9 =

(12) 0.08+0.03 =

(13) 0.09+0.04 =

(14) 0.33+0.7 =

(15) 0.86+0.4 =

(16) 8+0.03 =

(17) 0.75+0.5 =

(18) 0.06+0.08 =

(19) 0.07+0.04 =

(20) 0.03+0.5 =

(21) 0.91+0.5 =

소수의 자릿수가 다른 경우에는 소수점 아래 끝에 0이 있는 것으로 생각하여 계산하세요.

소수의 덧셈 2 소수 두 자리 수의 덧셈 (2)

월 일 이름

표준 완성 시간 5~6분

평가				
오답수	아주 잘함 : 0~2	잘함 : 3~5	보통 : 6~8	노력 바람 : 9~

부모 확인란

1. 소수의 덧셈을 하시오.

(1) $0.38+0.1=$ 0.48 (2) $3+0.02=$

(3) $0.65+0.5=$ (4) $0.06+0.06=$

(5) $0.07+0.04=$ (6) $0.02+0.08=$

(7) $0.46+0.8=$ (8) $0.97+0.7=$

(9) $0.09+0.02=$ (10) $0.4+0.03=$

(11) $0.04+0.5=$ (12) $0.25+0.75=$

(13) $0.41+0.9=$ (14) $0.03+0.05=$

(15) $0.08+0.01=$ (16) $0.41+0.39=$

(17) $0.4+0.02=$ (18) $0.91+0.09=$

(19) $0.67+0.2=$ (20) $0.84+0.9=$

(21) $0.05+0.09=$ (22) $0.74+6=$

(23) $0.05+0.3=$ (24) $0.07+0.07=$

2. 소수의 덧셈을 하시오.

(1) $0.42+0.4=$ (2) $0.06+0.7=$

(3) $0.57+0.7=$ (4) $0.85+0.5=$

(5) $0.03+0.03=$ (6) $0.22+0.2=$

(7) $0.03+0.6=$ (8) $0.34+8=$

(9) $0.52+0.1=$ (10) $0.41+0.1=$

(11) $0.68+0.5=$ (12) $0.4+0.56=$

(13) $0.07+0.05=$ (14) $0.9+0.06=$

(15) $0.21+0.9=$ (16) $0.81+0.19=$

(17) $0.05+0.01=$ (18) $0.04+0.02=$

(19) $0.22+0.18=$ (20) $0.44+0.6=$

(21) $0.01+0.08=$ (22) $0.04+0.56=$

(23) $0.16+0.8=$ (24) $0.06+0.01=$

77회 소수의 덧셈 2 소수 세 자리 수의 덧셈 (1)

 월  일 이름

표준 완성 시간 6~7분

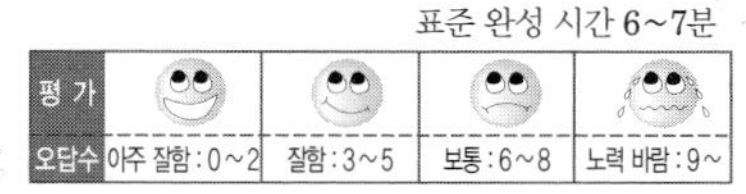

평가				
오답수	아주 잘함 : 0~2	잘함 : 3~5	보통 : 6~8	노력 바람 : 9~

부모 확인란

1. 소수의 덧셈을 하시오.

(1) 0.366+0.699= 1.065

(2) 1.881+0.099=

(3) 5.949+0.051=

(4) 0.942+0.058=

(5) 1.933+0.067=

(6) 4.004+0.06=

(7) 0.699+0.301=

(8) 1.847+0.073=

(9) 0.401+0.599=

(10) 0.075+0.925=

(11) 0.986+0.038=

(12) 0.173+0.857=

(13) 4+0.174=

(14) 5.997+0.004=

(15) 0.991+0.109=

(16) 0.074+2.926=

(17) 0.951+0.049=

(18) 5.905+0.095=

(19) 7.977+0.033=

(20) 0.034+0.996=

(21) 0.011+1.999=

(22) 1.965+0.035=

(23) 8.992+0.009=

(24) 0.329+0.871=

2. 소수의 덧셈을 하시오.

(1) 0.207+0.793=

(2) 0.426+0.674=

(3) 3.747+0.057=

(4) 6.992+0.008=

(5) 0.958+0.066=

(6) 1+0.003=

(7) 0.03+0.977=

(8) 2.998+0.012=

(9) 0.924+0.078=

(10) 0.469+0.973=

(11) 0.275+0.765=

(12) 0.094+1.906=

(13) 1.911+0.099=

(14) 1.943+0.06=

(15) 3.645+0.059=

(16) 0.228+0.8=

(17) 0.947+0.053=

(18) 8.989+0.011=

(19) 0.053+0.82=

(20) 0.897+0.404=

(21) 3.917+0.083=

(22) 0.102+0.9=

(23) 1.983+0.027=

(24) 0.082+1.918=

78회 소수의 덧셈 2 소수 세 자리 수의 덧셈 (2)

월 일 이름

표준 완성 시간 6~7분

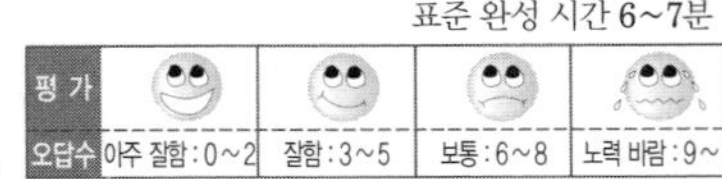

부모 확인란

1. 소수의 덧셈을 하시오.

(1) 1.999+0.003= 2.002

(2) 0.913+0.087=

(3) 5.945+0.065=

(4) 7.968+0.032=

(5) 1.994+0.046=

(6) 0.396+0.814=

(7) 0.905+0.095=

(8) 2.994+0.008=

(9) 1.002+0.04 =

(10) 3.942+1.058=

(11) 0.948+0.082=

(12) 5 +0.002=

(13) 4.971+0.029=

(14) 0.915+0.088=

(15) 0.982+0.02 =

(16) 1.977+0.053=

(17) 6.996+0.007=

(18) 1.996+0.004=

(19) 2.956+0.084=

(20) 3.693+0.007=

(21) 1.8 +0.002=

(22) 3.988+0.032=

(23) 1.04 +0.705=

(24) 6.003+0.05 =

2. 소수의 덧셈을 하시오.

(1) 4 +6.027=

(2) 2.002+0.25 =

(3) 4.998+0.002=

(4) 0.003+2.26 =

(5) 0.019+1.989 =

(6) 6.936+0.067=

(7) 3.976+0.054=

(8) 8.1 +0.327=

(9) 1.995+0.009=

(10) 1 +0.038=

(11) 2.941+0.059=

(12) 0.15 +0.856=

(13) 0.954+0.047=

(14) 5.938+0.064=

(15) 1.993+0.008=

(16) 0.916+0.094=

(17) 7.995+0.05 =

(18) 1.944+0.056=

(19) 6.589+0.5 =

(20) 1.2 +0.062=

(21) 3.4 +0.064=

(22) 4.003+0.32 =

(23) 5.999+0.008=

(24) 1.927+0.098 =

소수의 뺄셈 1 소수 한 자리 수의 뺄셈 (1)

월

일 이름

표준 완성 시간 4~5분

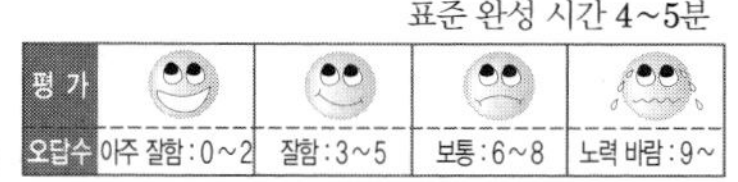

평가				
오답수	아주 잘함 : 0~2	잘함 : 3~5	보통 : 6~8	노력 바람 : 9~

부모 확인란

1. 소수의 뺄셈을 하시오.

(1) $1-0.1=$ 0.9

(2) $0.9-0.5=$ ☐

(3) $0.8-0.1=$ ☐

(4) $0.7-0.4=$ ☐

(5) $0.5-0.3=$ ☐

(6) $0.6-0.3=$ ☐

(7) $0.8-0.4=$ ☐

(8) $1-0.3=$ ☐

(9) $0.2-0.1=$ ☐

(10) $0.4-0.2=$ ☐

(11) $0.7-0.6=$ ☐

(12) $0.6-0.4=$ ☐

(13) $1-0.9=$ ☐

(14) $0.7-0.2=$ ☐

(15) $0.3-0.2=$ ☐

(16) $0.8-0.5=$ ☐

(17) $0.9-0.2=$ ☐

(18) $1-0.5=$ ☐

(19) $0.6-0.1=$ ☐

(20) $0.3-0.1=$ ☐

(21) $0.7-0.3=$ ☐

(22) $0.9-0.3=$ ☐

(23) $0.8-0.7=$ ☐

(24) $1-0.6=$ ☐

2. 소수의 뺄셈을 하시오.

(1) $0.5-0.3=$ ☐

(2) $0.8-0.3=$ ☐

(3) $0.4-0.3=$ ☐

(4) $0.6-0.2=$ ☐

(5) $0.3-0.2=$ ☐

(6) $1-0.2=$ ☐

(7) $0.9-0.7=$ ☐

(8) $0.9-0.1=$ ☐

(9) $0.6-0.1=$ ☐

(10) $0.2-0.1=$ ☐

(11) $0.7-0.4=$ ☐

(12) $1-0.8=$ ☐

(13) $1-0.4=$ ☐

(14) $0.8-0.2=$ ☐

(15) $0.9-0.4=$ ☐

(16) $0.5-0.2=$ ☐

(17) $0.4-0.1=$ ☐

(18) $0.7-0.1=$ ☐

(19) $1-0.5=$ ☐

(20) $0.6-0.5=$ ☐

(21) $0.9-0.8=$ ☐

(22) $0.8-0.6=$ ☐

(23) $0.9-0.6=$ ☐

(24) $1-0.7=$ ☐

소수의 뺄셈 1 소수 한 자리 수의 뺄셈 (2)

월 일 이름

표준 완성 시간 4~5분

평가				
오답수	아주 잘함 : 0~2	잘함 : 3~5	보통 : 6~8	노력 바람 : 9~

부모 확인란

1. 소수의 뺄셈을 하시오.

(1) $0.8-0.3=$ 0.5　　(2) $0.9-0.1=$ □

(3) $1-0.1=$ □　　(4) $0.3-0.1=$ □

(5) $0.9-0.5=$ □　　(6) $0.7-0.5=$ □

(7) $0.2-0.1=$ □　　(8) $0.8-0.5=$ □

(9) $1-0.9=$ □　　(10) $0.6-0.5=$ □

(11) $0.4-0.2=$ □　　(12) $1-0.3=$ □

(13) $0.9-0.8=$ □　　(14) $0.5-0.4=$ □

(15) $1-0.7=$ □　　(16) $0.7-0.1=$ □

(17) $0.8-0.1=$ □　　(18) $0.9-0.6=$ □

(19) $0.5-0.2=$ □　　(20) $0.9-0.3=$ □

(21) $0.4-0.1=$ □　　(22) $1-0.6=$ □

(23) $0.7-0.3=$ □　　(24) $0.6-0.1=$ □

2. 소수의 뺄셈을 하시오.

(1) $0.3-0.1=$ □　　(2) $0.8-0.2=$ □

(3) $1-0.4=$ □　　(4) $0.6-0.4=$ □

(5) $0.5-0.3=$ □　　(6) $0.7-0.4=$ □

(7) $0.8-0.4=$ □　　(8) $0.9-0.2=$ □

(9) $0.3-0.2=$ □　　(10) $0.6-0.2=$ □

(11) $0.5-0.1=$ □　　(12) $0.4-0.2=$ □

(13) $0.7-0.6=$ □　　(14) $1-0.5=$ □

(15) $0.7-0.2=$ □　　(16) $0.9-0.4=$ □

(17) $0.8-0.6=$ □　　(18) $0.5-0.2=$ □

(19) $0.6-0.3=$ □　　(20) $1-0.8=$ □

(21) $0.9-0.7=$ □　　(22) $0.8-0.7=$ □

(23) $0.4-0.3=$ □　　(24) $1-0.2=$ □

월 일 이름

표준 완성 시간 4~5분

평가				
오답수	아주 잘함 : 0~2	잘함 : 3~5	보통 : 6~8	노력 바람 : 9~

부모 확인란

1. 소수의 뺄셈을 하시오.

(1) 0.3−0.2= 0.1　(2) 0.9−0.8=

(3) 1−0.8=　(4) 0.8−0.4=

(5) 0.7−0.2=　(6) 0.5−0.4=

(7) 0.9−0.3=　(8) 1−0.9=

(9) 0.4−0.1=　(10) 0.8−0.7=

(11) 1−0.6=　(12) 0.7−0.6=

(13) 0.5−0.3=　(14) 1−0.3=

(15) 0.8−0.1=　(16) 0.2−0.1=

(17) 1−0.5=　(18) 0.9−0.7=

(19) 0.6−0.4=　(20) 0.9−0.6=

(21) 0.9−0.5=　(22) 0.4−0.3=

(23) 0.6−0.2=　(24) 1−0.7=

2. 소수의 뺄셈을 하시오.

(1) 0.9−0.2=　(2) 0.7−0.1=

(3) 0.8−0.2=　(4) 0.3−0.2=

(5) 0.6−0.1=　(6) 1−0.1=

(7) 0.8−0.5=　(8) 0.5−0.2=

(9) 0.4−0.1=　(10) 1−0.4=

(11) 0.3−0.1=　(12) 0.6−0.5=

(13) 0.7−0.3=　(14) 0.9−0.1=

(15) 0.5−0.3=　(16) 0.8−0.3=

(17) 1−0.2=　(18) 0.6−0.3=

(19) 0.7−0.4=　(20) 0.9−0.4=

(21) 0.8−0.6=　(22) 0.4−0.2=

(23) 0.6−0.4=　(24) 0.7−0.5=

 소수의 뺄셈 1

소수 한 자리 수의 뺄셈 (4)  월  일 이름

표준 완성 시간 4~5분

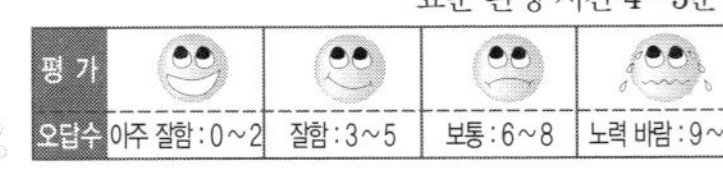

부모 확인란

1. 소수의 뺄셈을 하시오.

(1) $0.5-0.1=$ 0.4	(2) $0.7-0.5=$ □
(3) $1-0.6=$ □	(4) $0.6-0.5=$ □
(5) $0.9-0.1=$ □	(6) $0.8-0.4=$ □
(7) $0.4-0.2=$ □	(8) $1-0.3=$ □
(9) $0.8-0.1=$ □	(10) $1-0.7=$ □
(11) $0.6-0.1=$ □	(12) $0.9-0.4=$ □
(13) $1-0.2=$ □	(14) $0.5-0.2=$ □
(15) $0.3-0.1=$ □	(16) $0.9-0.2=$ □
(17) $0.7-0.1=$ □	(18) $0.4-0.3=$ □
(19) $1-0.9=$ □	(20) $0.6-0.3=$ □
(21) $0.9-0.5=$ □	(22) $0.8-0.6=$ □
(23) $0.2-0.1=$ □	(24) $1-0.4=$ □

2. 소수의 뺄셈을 하시오.

(1) $0.4-0.1=$ □	(2) $0.9-0.6=$ □
(3) $0.9-0.8=$ □	(4) $0.6-0.4=$ □
(5) $0.7-0.6=$ □	(6) $0.3-0.2=$ □
(7) $0.5-0.3=$ □	(8) $1-0.1=$ □
(9) $0.8-0.5=$ □	(10) $0.7-0.3=$ □
(11) $0.2-0.1=$ □	(12) $0.9-0.7=$ □
(13) $0.6-0.2=$ □	(14) $0.8-0.2=$ □
(15) $0.5-0.4=$ □	(16) $1-0.4=$ □
(17) $0.4-0.3=$ □	(18) $0.7-0.4=$ □
(19) $1-0.8=$ □	(20) $0.8-0.7=$ □
(21) $0.7-0.2=$ □	(22) $0.9-0.3=$ □
(23) $0.8-0.3=$ □	(24) $0.5-0.1=$ □

소수의 뺄셈 2 소수 두 자리 수의 뺄셈 (1)

월 일 이름

표준 완성 시간 5~6분

평가				
오답수	아주 잘함 : 0~2	잘함 : 3~5	보통 : 6~8	노력 바람 : 9~

부모 확인란

1. 소수의 뺄셈을 하시오.

(1) 0.06−0.03= 0.03
(2) 0.63−0.6=
(3) 0.3−0.17=
(4) 2.51−0.9=
(5) 0.14−0.07=
(6) 0.6−0.51=
(7) 0.58−0.28=
(8) 0.11−0.02=
(9) 1−0.25=
(10) 0.48−0.18=
(11) 0.08−0.03=
(12) 0.14−0.06=
(13) 0.17−0.09=
(14) 3.34−0.6=
(15) 1.72−0.8=
(16) 1−0.63=
(17) 0.6−0.54=
(18) 0.12−0.04=
(19) 0.09−0.01=
(20) 1−0.55=
(21) 0.47−0.4=
(22) 1.38−0.4=
(23) 0.59−0.09=
(24) 0.5−0.03=

2. 소수의 뺄셈을 하시오.

(1) 0.24−0.2=
(2) 0.15−0.07=
(3) 0.07−0.02=
(4) 1.36−0.6=
(5) 0.18−0.08=
(6) 0.17−0.08=
(7) 1.44−0.7=
(8) 1.12−0.8=
(9) 0.87−0.07=
(10) 1−0.94=
(11) 1.52−0.8=
(12) 0.13−0.06=
(13) 0.1−0.03=
(14) 0.31−0.01=
(15) 0.7−0.31=
(16) 5.02−0.02=
(17) 1.45−0.5=
(18) 0.9−0.48=
(19) 0.11−0.04=
(20) 0.1−0.01=
(21) 1.83−0.9=

소수의 뺄셈 2 소수 두 자리 수의 뺄셈 (2)

월 일 이름

표준 완성 시간 5~6분

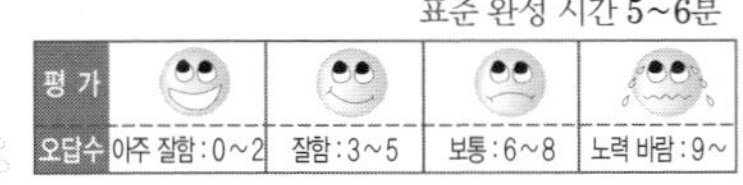

평가				
오답수	아주 잘함 : 0~2	잘함 : 3~5	보통 : 6~8	노력 바람 : 9~

부모 확인란

1. 소수의 뺄셈을 하시오.

(1) 0.74 − 0.3 = 0.44
(2) 3.08 − 0.08 =
(3) 1.18 − 0.8 =
(4) 1.42 − 0.6 =
(5) 0.02 − 0.01 =
(6) 0.52 − 0.3 =
(7) 1.58 − 0.7 =
(8) 7.57 − 7 =
(9) 0.11 − 0.04 =
(10) 0.91 − 0.1 =
(11) 0.36 − 0.3 =
(12) 0.56 − 0.36 =
(13) 0.21 − 0.09 =
(14) 0.09 − 0.05 =
(15) 1.11 − 0.7 =
(16) 0.8 − 0.51 =
(17) 0.06 − 0.03 =
(18) 1 − 0.08 =
(19) 0.86 − 0.2 =
(20) 1.59 − 0.7 =
(21) 0.11 − 0.09 =
(22) 0.5 − 0.47 =
(23) 0.83 − 0.8 =
(24) 0.07 − 0.06 =

2. 소수의 뺄셈을 하시오.

(1) 0.38 − 0.1 =
(2) 0.54 − 0.5 =
(3) 1.13 − 0.3 =
(4) 0.18 − 0.09 =
(5) 0.14 − 0.06 =
(6) 0.1 − 0.09 =
(7) 0.87 − 0.8 =
(8) 1.64 − 0.7 =
(9) 0.32 − 0.2 =
(10) 0.82 − 0.02 =
(11) 1.33 − 0.5 =
(12) 1 − 0.47 =
(13) 0.14 − 0.08 =
(14) 0.86 − 0.06 =
(15) 0.06 − 0.01 =
(16) 1 − 0.33 =
(17) 0.25 − 0.05 =
(18) 0.07 − 0.01 =
(19) 0.4 − 0.18 =
(20) 1.04 − 0.3 =
(21) 0.09 − 0.06 =
(22) 4.82 − 4 =
(23) 0.95 − 0.8 =
(24) 0.16 − 0.08 =

소수의 뺄셈 2 소수 세 자리 수의 뺄셈 (1)

월 일 이름

표준 완성 시간 6~7분

평가				
오답수	아주 잘함 : 0~2	잘함 : 3~5	보통 : 6~8	노력 바람 : 9~

부모 확인란

1. 소수의 뺄셈을 하시오.

(1) 1.036 − 0.679 = 0.357

(2) 5 − 0.039 =

(3) 3 − 0.061 =

(4) 4.01 − 0.054 =

(5) 1.038 − 0.066 =

(6) 6 − 0.009 =

(7) 1 − 0.403 =

(8) 1.1 − 0.816 =

(9) 1.006 − 0.087 =

(10) 2 − 0.002 =

(11) 1.03 − 0.785 =

(12) 1.002 − 0.002 =

(13) 5.362 − 0.362 =

(14) 6.01 − 0.012 =

(15) 7.7 − 0.702 =

(16) 1 − 0.921 =

(17) 4 − 0.047 =

(18) 1.05 − 0.757 =

(19) 1.011 − 0.92 =

(20) 3.004 − 0.04 =

2. 소수의 뺄셈을 하시오.

(1) 1 − 0.492 =

(2) 2.01 − 1.997 =

(3) 5.001 − 0.062 =

(4) 7.002 − 0.004 =

(5) 2 − 0.097 =

(6) 6.011 − 0.01 =

(7) 1.007 − 0.987 =

(8) 5.09 − 0.099 =

(9) 4 − 0.799 =

(10) 1 − 0.018 =

(11) 1.006 − 0.048 =

(12) 1.061 − 0.06 =

(13) 6.01 − 0.099 =

(14) 7.02 − 0.052 =

(15) 8.006 − 0.017 =

(16) 1.421 − 0.813 =

(17) 1 − 0.051 =

(18) 5 − 1.973 =

(19) 5.03 − 0.032 =

(20) 8.001 − 0.006 =

소수의 뺄셈 2 소수 세 자리 수의 뺄셈 (2)

월 일 이름

표준 완성 시간 6~7분

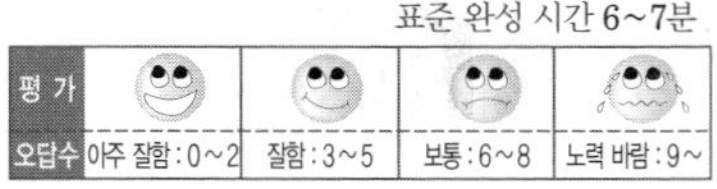

평가				
오답수	아주 잘함 : 0~2	잘함 : 3~5	보통 : 6~8	노력 바람 : 9~

부모 확인란

1. 소수의 뺄셈을 하시오.

(1) $4.002-0.003=$ 3.999

(2) $3.156-0.056=$ □

(3) $4.01-0.055=$ □

(4) $1.569-0.509=$ □

(5) $2.006-1.987=$ □

(6) $2-0.092=$ □

(7) $5.05-0.061=$ □

(8) $1.262-0.26=$ □

(9) $1.086-0.08=$ □

(10) $2.245-2.24=$ □

(11) $4-0.072=$ □

(12) $1.32-0.725=$ □

(13) $1.001-0.029=$ □

(14) $5.343-0.143=$ □

(15) $1.006-0.06=$ □

(16) $3-1.053=$ □

(17) $8.008-0.009=$ □

(18) $6.003-0.003=$ □

(19) $6.04-0.063=$ □

(20) $1.001-0.055=$ □

2. 소수의 뺄셈을 하시오.

(1) $10.36-6.036=$ □

(2) $1.407-0.007=$ □

(3) $6-0.002=$ □

(4) $6.006-0.009=$ □

(5) $5.043-0.047=$ □

(6) $1.33-0.454=$ □

(7) $3.092-0.09=$ □

(8) $1-0.082=$ □

(9) $3.005-0.009=$ □

(10) $9-0.023=$ □

(11) $1.04-0.093=$ □

(12) $2.007-0.049=$ □

(13) $7-0.059=$ □

(14) $5.004-0.038=$ □

(15) $4.001-0.006=$ □

(16) $1.047-0.047=$ □

(17) $2.035-0.04=$ □

(18) $1.008-0.458=$ □

(19) $7.089-0.5=$ □

(20) $5.002-0.066=$ □

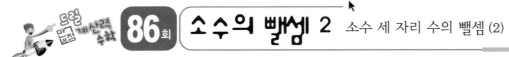

4단계
내용

정 답

3쪽

1\. (1)

×	8	7	5
2	16	14	10
4	32	28	20
0	0	0	0

(2)

×	6	2	4	1
5	30	10	20	5
7	42	14	28	7
3	18	6	12	3

(3)

×	1	9	3
8	8	72	24
3	3	27	9
2	2	18	6
4	4	36	12

(4)

×	3	0	9	6
1	3	0	9	6
9	27	0	81	54
6	18	0	54	36
7	21	0	63	42

2\.

×	4	3	8	2	0	9	1	7	5	6
6	24	18	48	12	0	54	6	42	30	36
3	12	9	24	6	0	27	3	21	15	18
1	4	3	8	2	0	9	1	7	5	6
7	28	21	56	14	0	63	7	49	35	42
5	20	15	40	10	0	45	5	35	25	30
2	8	6	16	4	0	18	2	14	10	12
0	0	0	0	0	0	0	0	0	0	0
4	16	12	32	8	0	36	4	28	20	24
8	32	24	64	16	0	72	8	56	40	48
9	36	27	72	18	0	81	9	63	45	54

4쪽

1\.

×	3	7	1	8	0	6	2	5	4	9
4	12	28	4	32	0	24	8	20	16	36
7	21	49	7	56	0	42	14	35	28	63
0	0	0	0	0	0	0	0	0	0	0
1	3	7	1	8	0	6	2	5	4	9
3	9	21	3	24	0	18	6	15	12	27
6	18	42	6	48	0	36	12	30	24	54
2	6	14	2	16	0	12	4	10	8	18
5	15	35	5	40	0	30	10	25	20	45
9	27	63	9	72	0	54	18	45	36	81
8	24	56	8	64	0	48	16	40	32	72

2\.

×	2	9	5	4	7	3	6	0	1	8
8	16	72	40	32	56	24	48	0	8	64
0	0	0	0	0	0	0	0	0	0	0
3	6	27	15	12	21	9	18	0	3	24
6	12	54	30	24	42	18	36	0	6	48
5	10	45	25	20	35	15	30	0	5	40
2	4	18	10	8	14	6	12	0	2	16
9	18	81	45	36	63	27	54	0	9	72
4	8	36	20	16	28	12	24	0	4	32
7	14	63	35	28	49	21	42	0	7	56
1	2	9	5	4	7	3	6	0	1	8

5쪽

1\.

×	8	7	2	4	9	1	0	5	6	3
1	8	7	2	4	9	1	0	5	6	3
9	72	63	18	36	81	9	0	45	54	27
5	40	35	10	20	45	5	0	25	30	15
2	16	14	4	8	18	2	0	10	12	6
0	0	0	0	0	0	0	0	0	0	0
6	48	42	12	24	54	6	0	30	36	18
4	32	28	8	16	36	4	0	20	24	12
8	64	56	16	32	72	8	0	40	48	24
3	24	21	6	12	27	3	0	15	18	9
7	56	49	14	28	63	7	0	35	42	21

2\.

×	5	8	1	6	0	3	4	7	2	9
5	25	40	5	30	0	15	20	35	10	45
1	5	8	1	6	0	3	4	7	2	9
0	0	0	0	0	0	0	0	0	0	0
9	45	72	9	54	0	27	36	63	18	81
7	35	56	7	42	0	21	28	49	14	63
3	15	24	3	18	0	9	12	21	6	27
6	30	48	6	36	0	18	24	42	12	54
2	10	16	2	12	0	6	8	14	4	18
4	20	32	4	24	0	12	16	28	8	36
8	40	64	8	48	0	24	32	56	16	72

6쪽

1\.

×	7	5	3	8	1	9	2	6	4	0
2	14	10	6	16	2	18	4	12	8	0
7	49	35	21	56	7	63	14	42	28	0
4	28	20	12	32	4	36	8	24	16	0
1	7	5	3	8	1	9	2	6	4	0
6	42	30	18	48	6	54	12	36	24	0
0	0	0	0	0	0	0	0	0	0	0
8	56	40	24	64	8	72	16	48	32	0
3	21	15	9	24	3	27	6	18	12	0
9	63	45	27	72	9	81	18	54	36	0
5	35	25	15	40	5	45	10	30	20	0

2\.

×	0	2	5	8	4	1	9	7	3	6
7	0	14	35	56	28	7	63	49	21	42
4	0	8	20	32	16	4	36	28	12	24
9	0	18	45	72	36	9	81	63	27	54
2	0	4	10	16	8	2	18	14	6	12
0	0	0	0	0	0	0	0	0	0	0
5	0	10	25	40	20	5	45	35	15	30
1	0	2	5	8	4	1	9	7	3	6
6	0	12	30	48	24	6	54	42	18	36
3	0	6	15	24	12	3	27	21	9	18
8	0	16	40	64	32	8	72	56	24	48

7쪽

1\.

×	9	8	2	0	7	4	5	1	3	6
0	0	0	0	0	0	0	0	0	0	0
7	63	56	14	0	49	28	35	7	21	42
3	27	24	6	0	21	12	15	3	9	18
6	54	48	12	0	42	24	30	6	18	36
9	81	72	18	0	63	36	45	9	27	54
1	9	8	2	0	7	4	5	1	3	6
5	45	40	10	0	35	20	25	5	15	30
4	36	32	8	0	28	16	20	4	12	24
8	72	64	16	0	56	32	40	8	24	48
2	18	16	4	0	14	8	10	2	6	12

2\.

×	6	1	8	5	3	9	2	7	4	0
3	18	3	24	15	9	27	6	21	12	0
9	54	9	72	45	27	81	18	63	36	0
6	36	6	48	30	18	54	12	42	24	0
1	6	1	8	5	3	9	2	7	4	0
4	24	4	32	20	12	36	8	28	16	0
7	42	7	56	35	21	63	14	49	28	0
0	0	0	0	0	0	0	0	0	0	0
8	48	8	64	40	24	72	16	56	32	0
2	12	2	16	10	6	18	4	14	8	0
5	30	5	40	25	15	45	10	35	20	0

8쪽

1\.

+	4	1	8	3	5	0	7	2	9	6
4	8	5	12	7	9	4	11	6	13	10
1	5	2	9	4	6	1	8	3	10	7
8	12	9	16	11	13	8	15	10	17	14
3	7	4	11	6	8	3	10	5	12	9
5	9	6	13	8	10	5	12	7	14	11
0	4	1	8	3	5	0	7	2	9	6
7	11	8	15	10	12	7	14	9	16	13
2	6	3	10	5	7	2	9	4	11	8
9	13	10	17	12	14	9	16	11	18	15
6	10	7	14	9	11	6	13	8	15	12

2\.

+	7	2	5	9	0	4	6	1	8	3
7	14	9	12	16	7	11	13	8	15	10
2	9	4	7	11	2	6	8	3	10	5
5	12	7	10	14	5	9	11	6	13	8
9	16	11	14	18	9	13	15	10	17	12
0	7	2	5	9	0	4	6	1	8	3
4	11	6	9	13	4	8	10	5	12	7
6	13	8	11	15	6	10	12	7	14	9
1	8	3	6	10	1	5	7	2	9	4
8	15	10	13	17	8	12	14	9	16	11
3	10	5	8	12	3	7	9	4	11	6

9쪽

1.

+	2	6	0	8	3	5	1	9	4	7
2	4	8	2	10	5	7	3	11	6	9
6	8	12	6	14	9	11	7	15	10	13
0	2	6	0	8	3	5	1	9	4	7
8	10	14	8	16	11	13	9	17	12	15
3	5	9	3	11	6	8	4	12	7	10
5	7	11	5	13	8	10	6	14	9	12
1	3	7	1	9	4	6	2	10	5	8
9	11	15	9	17	12	14	10	18	13	16
4	6	10	4	12	7	9	5	13	8	11
7	9	13	7	15	10	12	8	16	11	14

2.

+	5	7	2	8	1	4	9	0	3	6
5	10	12	7	13	6	9	14	5	8	11
7	12	14	9	15	8	11	16	7	10	13
2	7	9	4	10	3	6	11	2	5	8
8	13	15	10	16	9	12	17	8	11	14
1	6	8	3	9	2	5	10	1	4	7
4	9	11	6	12	5	8	13	4	7	10
9	14	16	11	17	10	13	18	9	12	15
0	5	7	2	8	1	4	9	0	3	6
3	8	10	5	11	4	7	12	3	6	9
6	11	13	8	14	7	10	15	6	9	12

10쪽

1.

+	8	0	6	2	5	1	7	9	3	4
8	16	8	14	10	13	9	15	17	11	12
0	8	0	6	2	5	1	7	9	3	4
6	14	6	12	8	11	7	13	15	9	10
2	10	2	8	4	7	3	9	11	5	6
5	13	5	11	7	10	6	12	14	8	9
1	9	1	7	3	6	2	8	10	4	5
7	15	7	13	9	12	8	14	16	10	11
9	17	9	15	11	14	10	16	18	12	13
3	11	3	9	5	8	4	10	12	6	7
4	12	4	10	6	9	5	11	13	7	8

2.

+	3	7	4	2	6	9	5	1	8	0
3	6	10	7	5	9	12	8	4	11	3
7	10	14	11	9	13	16	12	8	15	7
4	7	11	8	6	10	13	9	5	12	4
2	5	9	6	4	8	11	7	3	10	2
6	9	13	10	8	12	15	11	7	14	6
9	12	16	13	11	15	18	14	10	17	9
5	8	12	9	7	11	14	10	6	13	5
1	4	8	5	3	7	10	6	2	9	1
8	11	15	12	10	14	17	13	9	16	8
0	3	7	4	2	6	9	5	1	8	0

11쪽

1.

+	1	4	8	2	7	9	6	3	0	5
1	2	5	9	3	8	10	7	4	1	6
4	5	8	12	6	11	13	10	7	4	9
8	9	12	16	10	15	17	14	11	8	13
2	3	6	10	4	9	11	8	5	2	7
7	8	11	15	9	14	16	13	10	7	12
9	10	13	17	11	16	18	15	12	9	14
6	7	10	14	8	13	15	12	9	6	11
3	4	7	11	5	10	12	9	6	3	8
0	1	4	8	2	7	9	6	3	0	5
5	6	9	13	7	12	14	11	8	5	10

2.

+	0	6	3	8	1	9	4	7	2	5
0	0	6	3	8	1	9	4	7	2	5
6	6	12	9	14	7	15	10	13	8	11
3	3	9	6	11	4	12	7	10	5	8
8	8	14	11	16	9	17	12	15	10	13
1	1	7	4	9	2	10	5	8	3	6
9	9	15	12	17	10	18	13	16	11	14
4	4	10	7	12	5	13	8	11	6	9
7	7	13	10	15	8	16	11	14	9	12
2	2	8	5	10	3	11	6	9	4	7
5	5	11	8	13	6	14	9	12	7	10

12쪽

1.

+	6	2	4	0	8	7	1	9	3	5
6	12	8	10	6	14	13	7	15	9	11
2	8	4	6	2	10	9	3	11	5	7
4	10	6	8	4	12	11	5	13	7	9
0	6	2	4	0	8	7	1	9	3	5
8	14	10	12	8	16	15	9	17	11	13
7	13	9	11	7	15	14	8	16	10	12
1	7	3	5	1	9	8	2	10	4	6
9	15	11	13	9	17	16	10	18	12	14
3	9	5	7	3	11	10	4	12	6	8
5	11	7	9	5	13	12	6	14	8	10

2.

+	9	4	3	7	1	8	5	2	6	0
9	18	13	12	16	10	17	14	11	15	9
4	13	8	7	11	5	12	9	6	10	4
3	12	7	6	10	4	11	8	5	9	3
7	16	11	10	14	8	15	12	9	13	7
1	10	5	4	8	2	9	6	3	7	1
8	17	12	11	15	9	16	13	10	14	8
5	14	9	8	12	6	13	10	7	11	5
2	11	6	5	9	3	10	7	4	8	2
6	15	10	9	13	7	14	11	8	12	6
0	9	4	3	7	1	8	5	2	6	0

13쪽

1.

−	18	12	15	13	17	10	16	11	19	14
3	15	9	12	10	14	7	13	8	16	11
8	10	4	7	5	9	2	8	3	11	6
1	17	11	14	12	16	9	15	10	18	13
4	14	8	11	9	13	6	12	7	15	10
6	12	6	9	7	11	4	10	5	13	8
0	18	12	15	13	17	10	16	11	19	14
9	9	3	6	4	8	1	7	2	10	5
2	16	10	13	11	15	8	14	9	17	12
5	13	7	10	8	12	5	11	6	14	9
7	11	5	8	6	10	3	9	4	12	7

2.

−	14	12	10	17	15	19	13	11	18	16
5	9	7	5	12	10	14	8	6	13	11
3	11	9	7	14	12	16	10	8	15	13
0	14	12	10	17	15	19	13	11	18	16
7	7	5	3	10	8	12	6	4	11	9
1	13	11	9	16	14	18	12	10	17	15
6	8	6	4	11	9	13	7	5	12	10
4	10	8	6	13	11	15	9	7	14	12
9	5	3	1	8	6	10	4	2	9	7
2	12	10	8	15	13	17	11	9	16	14
8	6	4	2	9	7	11	5	3	10	8

14쪽

1.

−	11	17	14	12	16	19	10	15	18	13
8	3	9	6	4	8	11	2	7	10	5
3	8	14	11	9	13	16	7	12	15	10
6	5	11	8	6	10	13	4	9	12	7
2	9	15	12	10	14	17	8	13	16	11
0	11	17	14	12	16	19	10	15	18	13
5	6	12	9	7	11	14	5	10	13	8
7	4	10	7	5	9	12	3	8	11	6
1	10	16	13	11	15	18	9	14	17	12
9	2	8	5	3	7	10	1	6	9	4
4	7	13	10	8	12	15	6	11	14	9

2.

−	17	13	14	10	18	19	11	15	12	16
6	11	7	8	4	12	13	5	9	6	10
2	15	11	12	8	16	17	9	13	10	14
1	16	12	13	9	17	18	10	14	11	15
4	13	9	10	6	14	15	7	11	8	12
8	9	5	6	2	10	11	3	7	4	8
3	14	10	11	7	15	16	8	12	9	13
7	10	6	7	3	11	12	4	8	5	9
9	8	4	5	1	9	10	2	6	3	7
0	17	13	14	10	18	19	11	15	12	16
5	12	8	9	5	13	14	6	10	7	11

15쪽

1.

−	10	17	12	14	18	11	16	19	13	15
0	10	17	12	14	18	11	16	19	13	15
3	7	14	9	11	15	8	13	16	10	12
2	8	15	10	12	16	9	14	17	11	13
6	4	11	6	8	12	5	10	13	7	9
4	6	13	8	10	14	7	12	15	9	11
9	1	8	3	5	9	2	7	10	4	6
5	5	12	7	9	13	6	11	14	8	10
7	3	10	5	7	11	4	9	12	6	8
1	9	16	11	13	17	10	15	18	12	14
8	2	9	4	6	10	3	8	11	5	7

2.

−	13	19	11	15	16	10	18	14	17	12
4	9	15	7	11	12	6	14	10	13	8
7	6	12	4	8	9	3	11	7	10	5
3	10	16	8	12	13	7	15	11	14	9
8	5	11	3	7	8	2	10	6	9	4
1	12	18	10	14	15	9	17	13	16	11
6	7	13	5	9	10	4	12	8	11	6
2	11	17	9	13	14	8	16	12	15	10
5	8	14	6	10	11	5	13	9	12	7
9	4	10	2	6	7	1	9	5	8	3
0	13	19	11	15	16	10	18	14	17	12

16쪽

1.

−	12	19	11	14	15	10	16	17	13	18
7	5	12	4	7	8	3	9	10	6	11
2	10	17	9	12	13	8	14	15	11	16
6	6	13	5	8	9	4	10	11	7	12
0	12	19	11	14	15	10	16	17	13	18
5	7	14	6	9	10	5	11	12	8	13
4	8	15	7	10	11	6	12	13	9	14
1	11	18	10	13	14	9	15	16	12	17
9	3	10	2	5	6	1	7	8	4	9
3	9	16	8	11	12	7	13	14	10	15
8	4	11	3	6	7	2	8	9	5	10

2.

−	16	17	14	11	19	15	12	13	18	10
2	14	15	12	9	17	13	10	11	16	8
8	8	9	6	3	11	7	4	5	10	2
1	15	16	13	10	18	14	11	12	17	9
6	10	11	8	5	13	9	6	7	12	4
0	16	17	14	11	19	15	12	13	18	10
5	11	12	9	6	14	10	7	8	13	5
4	12	13	10	7	15	11	8	9	14	6
3	13	14	11	8	16	12	9	10	15	7
7	9	10	7	4	12	8	5	6	11	3
9	7	8	5	2	10	6	3	4	9	1

17쪽

1.

−	15	12	19	10	17	16	11	18	13	14
1	14	11	18	9	16	15	10	17	12	13
2	13	10	17	8	15	14	9	16	11	12
9	6	3	10	1	8	7	2	9	4	5
0	15	12	19	10	17	16	11	18	13	14
4	11	8	15	6	13	12	7	14	9	10
8	7	4	11	2	9	8	3	10	5	6
3	12	9	16	7	14	13	8	15	10	11
6	9	6	13	4	11	10	5	12	7	8
5	10	7	14	5	12	11	6	13	8	9
7	8	5	12	3	10	9	4	11	6	7

2.

−	19	14	11	18	15	12	16	10	17	13
9	10	5	2	9	6	3	7	1	8	4
4	15	10	7	14	11	8	12	6	13	9
1	18	13	10	17	14	11	15	9	16	12
8	11	6	3	10	7	4	8	2	9	5
5	14	9	6	13	10	7	11	5	12	8
2	17	12	9	16	13	10	14	8	15	11
6	13	8	5	12	9	6	10	4	11	7
0	19	14	11	18	15	12	16	10	17	13
7	12	7	4	11	8	5	9	3	10	6
3	16	11	8	15	12	9	13	7	14	10

18쪽

1. (1) 1…4 (2) 2…1 (3) 3…1 (4) 2…3
(5) 3…1 (6) 4…1 (7) 3…5 (8) 8…1
(9) 6…5 (10) 6…2 (11) 5…2 (12) 5…1
(13) 7…1 (14) 3…3 (15) 5…2 (16) 7…3
(17) 6…7 (18) 5…1 (19) 1…8 (20) 4…2
(21) 2…2 (22) 1…4 (23) 2…7 (24) 6…8

2. (1) 5…5 (2) 6…2 (3) 5…1 (4) 5…1
(5) 6…7 (6) 3…6 (7) 5…5 (8) 5…1
(9) 5…5 (10) 6…5 (11) 8…7 (12) 4…6
(13) 6…5 (14) 3…4 (15) 4…4 (16) 4…5
(17) 7…2 (18) 6…2 (19) 3…2 (20) 5…2
(21) 9…7 (22) 8…8 (23) 8…5 (24) 2…4

19쪽

1. (1) 8…2 (2) 1…6 (3) 1…1 (4) 4…4
(5) 7…1 (6) 9…1 (7) 1…8 (8) 3…1
(9) 6…4 (10) 4…1 (11) 1…3 (12) 5…5
(13) 6…5 (14) 6…2 (15) 8…1 (16) 8…4
(17) 8…2 (18) 8…3 (19) 8…6 (20) 3…1
(21) 8…5 (22) 7…6 (23) 4…3 (24) 9…2

2. (1) 8…4 (2) 4…2 (3) 1…4 (4) 6…3
(5) 8…6 (6) 2…4 (7) 5…1 (8) 8…1
(9) 6…1 (10) 8…7 (11) 3…8 (12) 4…5
(13) 1…4 (14) 3…5 (15) 3…3 (16) 1…6
(17) 6…2 (18) 4…8 (19) 3…4 (20) 9…5
(21) 3…2

20쪽

1. (1) 9…3 (2) 9…1 (3) 3…3 (4) 6…4
(5) 2…5 (6) 3…2 (7) 6…6 (8) 7…4
(9) 5…5 (10) 7…1 (11) 8…5 (12) 6…1
(13) 5…5 (14) 8…4 (15) 1…3 (16) 3…7
(17) 5…1 (18) 9…7 (19) 3…5 (20) 1…8
(21) 4…4 (22) 3…1 (23) 8…1 (24) 3…1

2. (1) 8…3 (2) 7…3 (3) 8…1 (4) 6…3
(5) 2…2 (6) 8…6 (7) 1…4 (8) 4…4
(9) 8…1 (10) 3…2 (11) 1…2 (12) 7…2
(13) 9…3 (14) 1…7 (15) 3…1 (16) 9…6
(17) 8…8 (18) 5…1 (19) 9…1 (20) 7…1
(21) 9…1 (22) 4…1 (23) 5…8 (24) 5…2

21쪽

1. (1) 3…2 (2) 1…7 (3) 8…6 (4) 2…6
(5) 6…1 (6) 3…3 (7) 4…3 (8) 4…2
(9) 1…3 (10) 6…2 (11) 5…1 (12) 7…5
(13) 3…2 (14) 7…5 (15) 8…4 (16) 6…7
(17) 6…1 (18) 5…7 (19) 5…5 (20) 2…2
(21) 8…6 (22) 7…7 (23) 4…3 (24) 8…5

2. (1) 2…7 (2) 4…7 (3) 8…2 (4) 7…1
(5) 6…1 (6) 5…3 (7) 3…1 (8) 8…1
(9) 3…7 (10) 5…3 (11) 5…6 (12) 8…2
(13) 2…3 (14) 4…4 (15) 8…2 (16) 8…3
(17) 1…1 (18) 2…4 (19) 9…2 (20) 5…4
(21) 2…3 (22) 2…7 (23) 9…1 (24) 4…5

22쪽

1. (1) 2…3 (2) 2…2 (3) 2…1 (4) 7…6
(5) 3…2 (6) 4…3 (7) 2…3 (8) 5…4
(9) 1…6 (10) 5…1 (11) 1…5 (12) 8…1
(13) 3…1 (14) 9…3 (15) 2…5 (16) 8…5
(17) 3…7 (18) 4…1 (19) 6…4 (20) 8…8
(21) 6…5 (22) 6…4 (23) 9…1 (24) 4…2

2. (1) 7…5 (2) 7…3 (3) 4…1 (4) 8…3
(5) 9…1 (6) 3…5 (7) 4…1 (8) 8…6
(9) 3…6 (10) 1…6 (11) 1…4 (12) 8…2
(13) 1…5 (14) 2…3 (15) 5…3 (16) 4…6
(17) 2…1 (18) 2…1 (19) 3…6 (20) 6…1
(21) 6…1 (22) 7…5 (23) 5…1 (24) 6…3

23쪽

1. (1) 6…1 (2) 5…6 (3) 1…3 (4) 6…1
(5) 8…1 (6) 4…4 (7) 3…3 (8) 4…3
(9) 8…2 (10) 2…5 (11) 4…7 (12) 7…4
(13) 8…1 (14) 4…5 (15) 8…4 (16) 5…1
(17) 5…7 (18) 2…3 (19) 8…4 (20) 6…2
(21) 3…4 (22) 5…3 (23) 5…5 (24) 2…8

2. (1) 6…1 (2) 7…1 (3) 2…3 (4) 1…6
(5) 4…3 (6) 8…8 (7) 8…2 (8) 8…5
(9) 8…5 (10) 3…6 (11) 5…2 (12) 4…1
(13) 6…2 (14) 7…1 (15) 7…1 (16) 8…1
(17) 6…5 (18) 2…3 (19) 1…5 (20) 2…3
(21) 7…2 (22) 1…6 (23) 4…1 (24) 6…3

24쪽

1. (1) 2 (2) 6 (3) 5 (4) 6
(5) 5 (6) 6 (7) 7 (8) 6
(9) 9 (10) 4 (11) 4 (12) 8

2. (1) 3…8 (2) 5…1 (3) 6…1 (4) 1…5
(5) 5…2 (6) 7…4 (7) 9…2 (8) 8…1
(9) 8…4 (10) 6…5 (11) 9…1 (12) 8…1

25쪽

1. (1) 15 (2) 12 (3) 14
(4) 11 (5) 14 (6) 14
(7) 11 (8) 21 (9) 14
(10) 12…2 (11) 18…2 (12) 14…2

2. (1) 12…3 (2) 10…5 (3) 14…1
(4) 12…4 (5) 16 (6) 10…2
(7) 12…2 (8) 13 (9) 14…3
(10) 10 (11) 12…2 (12) 13…2

26쪽

1. (1) 28…2 (2) 15…5 (3) 11…4
(4) 23…1 (5) 11…6 (6) 38…1
(7) 10…7 (8) 13…3 (9) 21…1
(10) 12…2 (11) 49…1 (12) 11…2

2. (1) 12…4 (2) 12…5 (3) 21…2
(4) 40…1 (5) 13…2 (6) 10…7
(7) 10…3 (8) 21…2 (9) 15…1
(10) 11…1 (11) 24…2 (12) 11…6

27쪽

1. (1) 11…1 (2) 12 (3) 15…2
(4) 18 (5) 11…1 (6) 12…3
(7) 9 (8) 42 (9) 13…3
(10) 13…5 (11) 37…1 (12) 12…2

2. (1) 15 (2) 29 (3) 12
(4) 46…1 (5) 13 (6) 14…2
(7) 13…4 (8) 77 (9) 10…4
(10) 18…2 (11) 16…3 (12) 12…2

28쪽

1. (1) 125 (2) 118 (3) 284
(4) 764 (5) 109 (6) 288
(7) 115 (8) 164 (9) 132

2. (1) 178…3 (2) 140…5 (3) 178…1
(4) 135…2 (5) 234…1 (6) 112…4
(7) 108…1 (8) 134…3 (9) 205…2

29쪽

1. (1) 269 (2) 108 (3) 107
(4) 102 (5) 106 (6) 206
(7) 205…2 (8) 107…4 (9) 108…7

2. (1) 241 (2) 140…6 (3) 208…2
(4) 832 (5) 110…3 (6) 122…4
(7) 124…4 (8) 209…1 (9) 115…2

30쪽

1. (1) 62 (2) 84 (3) 83
(4) 82 (5) 86 (6) 43
(7) 84…2 (8) 82…4 (9) 74…1

2. (1) 64 (2) 31 (3) 23
(4) 62 (5) 73 (6) 212
(7) 78…2 (8) 91…7 (9) 95…2

31쪽

1. (1) 94 (2) 56 (3) 208…2
(4) 86 (5) 532 (6) 60
(7) 94…1 (8) 107…1 (9) 101…2

2. (1) 260 (2) 115…6 (3) 95…3
(4) 70…8 (5) 186…2 (6) 302…2
(7) 137…3 (8) 326…1 (9) 119

32쪽

1. (1) $\frac{2}{3}$ (2) $\frac{5}{8}$ (3) $\frac{5}{6}$ (4) $\frac{4}{5}$ (5) $\frac{18}{19}$
(6) $\frac{7}{10}$ (7) $\frac{16}{18}$ (8) $\frac{9}{15}$ (9) $\frac{5}{11}$ (10) $\frac{17}{19}$
(11) $\frac{11}{12}$ (12) $\frac{10}{13}$ (13) $\frac{11}{21}$ (14) $\frac{13}{16}$ (15) $\frac{14}{17}$
(16) $\frac{22}{25}$ (17) $\frac{9}{14}$

2. (1) $\frac{6}{7}$ (2) $\frac{4}{5}$ (3) $\frac{3}{4}$ (4) $\frac{5}{6}$ (5) $\frac{7}{8}$
(6) $\frac{7}{9}$ (7) $\frac{19}{24}$ (8) $\frac{7}{10}$ (9) $\frac{12}{14}$ (10) $\frac{18}{19}$
(11) $\frac{12}{17}$ (12) $\frac{9}{10}$ (13) $\frac{7}{11}$ (14) $\frac{20}{23}$ (15) $\frac{13}{15}$
(16) $\frac{17}{18}$ (17) $\frac{3}{10}$ (18) $\frac{11}{15}$ (19) $\frac{17}{19}$ (20) $\frac{15}{16}$

33쪽

1. (1) $\frac{3}{8}$ (2) $\frac{3}{5}$ (3) $\frac{4}{7}$ (4) $\frac{2}{9}$ (5) $\frac{13}{18}$
(6) $\frac{7}{10}$ (7) $\frac{7}{15}$ (8) $\frac{15}{17}$ (9) $\frac{8}{19}$ (10) $\frac{9}{13}$
(11) $\frac{8}{11}$ (12) $\frac{14}{15}$ (13) $\frac{13}{28}$ (14) $\frac{12}{16}$ (15) $\frac{10}{11}$
(16) $\frac{19}{26}$ (17) $\frac{11}{16}$ (18) $\frac{9}{10}$ (19) $\frac{15}{18}$ (20) $\frac{9}{32}$

2. (1) $\frac{4}{9}$ (2) $\frac{5}{7}$ (3) $\frac{7}{8}$ (4) $\frac{5}{6}$ (5) $\frac{11}{30}$
(6) $\frac{11}{16}$ (7) $\frac{17}{18}$ (8) $\frac{7}{12}$ (9) $\frac{15}{19}$ (10) $\frac{11}{15}$
(11) $\frac{8}{29}$ (12) $\frac{11}{13}$ (13) $\frac{12}{18}$ (14) $\frac{27}{29}$ (15) $\frac{10}{17}$
(16) $\frac{12}{14}$ (17) $\frac{11}{13}$

34쪽

1. (1) $1\frac{1}{5}$ (2) $1\frac{2}{7}$ (3) $1\frac{1}{8}$ (4) $1\frac{3}{6}$ (5) $1\frac{1}{4}$
(6) $1\frac{1}{3}$ (7) $1\frac{7}{10}$ (8) $1\frac{3}{11}$ (9) $1\frac{10}{19}$ (10) $1\frac{1}{13}$
(11) $1\frac{13}{17}$ (12) $1\frac{4}{11}$ (13) $1\frac{10}{12}$ (14) $1\frac{3}{18}$ (15) $1\frac{5}{16}$
(16) $1\frac{5}{19}$ (17) $1\frac{4}{13}$ (18) $1\frac{2}{15}$ (19) $1\frac{4}{14}$ (20) $1\frac{3}{10}$

2. (1) $1\frac{1}{4}$ (2) $1\frac{2}{7}$ (3) $1\frac{1}{8}$ (4) $1\frac{3}{5}$ (5) $1\frac{1}{6}$
(6) $1\frac{4}{12}$ (7) $1\frac{4}{9}$ (8) $1\frac{3}{10}$ (9) $1\frac{2}{13}$ (10) $1\frac{6}{11}$
(11) $1\frac{4}{15}$ (12) $1\frac{7}{12}$ (13) $1\frac{1}{10}$ (14) $1\frac{5}{18}$ (15) $1\frac{7}{19}$
(16) $1\frac{7}{20}$ (17) $1\frac{5}{17}$

35쪽

1. (1) $1\frac{3}{8}$ (2) $1\frac{2}{5}$ (3) $1\frac{2}{9}$ (4) $1\frac{2}{7}$ (5) $1\frac{8}{11}$
(6) $1\frac{10}{16}$ (7) $1\frac{6}{13}$ (8) $1\frac{5}{12}$ (9) $1\frac{9}{14}$ (10) $1\frac{1}{18}$
(11) $1\frac{1}{10}$ (12) $1\frac{8}{16}$ (13) $1\frac{2}{14}$ (14) $1\frac{5}{11}$ (15) $1\frac{3}{22}$
(16) $1\frac{5}{19}$ (17) $1\frac{12}{17}$ (18) $1\frac{1}{10}$ (19) $1\frac{3}{13}$ (20) $1\frac{7}{17}$

2. (1) $1\frac{3}{7}$ (2) $1\frac{2}{9}$ (3) $1\frac{3}{8}$ (4) $1\frac{1}{5}$ (5) $1\frac{7}{15}$
(6) $1\frac{6}{12}$ (7) $1\frac{5}{24}$ (8) $1\frac{3}{10}$ (9) $1\frac{1}{16}$ (10) $1\frac{11}{17}$
(11) $1\frac{2}{11}$ (12) $1\frac{1}{18}$ (13) $1\frac{3}{16}$ (14) $1\frac{14}{19}$ (15) $1\frac{7}{10}$
(16) $1\frac{3}{13}$ (17) $1\frac{5}{19}$ (18) $1\frac{1}{11}$ (19) $1\frac{13}{15}$ (20) $1\frac{7}{18}$

36쪽

1. (1) $1\frac{4}{9}$ (2) $1\frac{3}{6}$ (3) $1\frac{1}{10}$ (4) $1\frac{5}{12}$ (5) $1\frac{1}{20}$
(6) $1\frac{4}{17}$ (7) $1\frac{5}{13}$ (8) $1\frac{1}{18}$ (9) $1\frac{9}{11}$ (10) $1\frac{3}{17}$
(11) $1\frac{10}{14}$ (12) $1\frac{3}{10}$ (13) $1\frac{3}{18}$ (14) $1\frac{8}{15}$ (15) $1\frac{1}{12}$
(16) $1\frac{10}{15}$ (17) $1\frac{1}{17}$ (18) $1\frac{2}{19}$ (19) $1\frac{1}{10}$ (20) $1\frac{2}{11}$

2. (1) $1\frac{3}{8}$ (2) $1\frac{1}{3}$ (3) $1\frac{4}{14}$ (4) $1\frac{4}{17}$ (5) $1\frac{2}{19}$
(6) $1\frac{6}{10}$ (7) $1\frac{10}{15}$ (8) $1\frac{5}{18}$ (9) $1\frac{3}{11}$ (10) $1\frac{12}{17}$
(11) $1\frac{16}{25}$ (12) $1\frac{8}{12}$ (13) $1\frac{11}{19}$ (14) $1\frac{10}{16}$ (15) $1\frac{3}{10}$
(16) $1\frac{9}{13}$ (17) $1\frac{11}{17}$

37쪽

1. (1) $3\frac{4}{5}$ (2) $3\frac{5}{6}$ (3) $5\frac{7}{9}$ (4) $3\frac{5}{7}$
(5) $6\frac{5}{8}$ (6) $2\frac{2}{3}$ (7) $7\frac{3}{4}$ (8) $4\frac{5}{7}$
(9) $5\frac{7}{10}$ (10) $5\frac{6}{11}$ (11) $7\frac{7}{15}$ (12) $9\frac{5}{14}$
(13) $8\frac{7}{11}$ (14) $5\frac{5}{16}$ (15) $2\frac{5}{19}$ (16) $10\frac{9}{10}$
(17) $3\frac{13}{14}$ (18) $7\frac{14}{15}$ (19) $5\frac{15}{16}$ (20) $3\frac{12}{13}$

2. (1) $4\frac{2}{3}$ (2) $3\frac{7}{8}$ (3) $4\frac{4}{9}$ (4) $5\frac{3}{4}$
(5) $10\frac{2}{5}$ (6) $5\frac{5}{6}$ (7) $4\frac{7}{10}$ (8) $7\frac{15}{17}$
(9) $3\frac{13}{18}$ (10) $8\frac{9}{11}$ (11) $4\frac{13}{15}$ (12) $9\frac{15}{19}$
(13) $6\frac{9}{10}$ (14) $8\frac{15}{16}$ (15) $4\frac{14}{17}$ (16) $5\frac{14}{15}$
(17) $6\frac{13}{18}$ (18) $6\frac{7}{11}$ (19) $7\frac{9}{10}$ (20) $8\frac{10}{13}$

38쪽

1. (1) $5\frac{5}{8}$ (2) $9\frac{2}{5}$ (3) $10\frac{5}{6}$ (4) $5\frac{2}{3}$
(5) $6\frac{8}{9}$ (6) $5\frac{4}{7}$ (7) $7\frac{7}{10}$ (8) $3\frac{11}{14}$
(9) $10\frac{13}{15}$ (10) $3\frac{4}{13}$ (11) $11\frac{10}{11}$ (12) $5\frac{15}{18}$
(13) $7\frac{16}{17}$ (14) $5\frac{15}{19}$ (15) $8\frac{4}{11}$ (16) $7\frac{7}{10}$
(17) $7\frac{7}{12}$ (18) $6\frac{9}{14}$ (19) $8\frac{15}{16}$ (20) $3\frac{17}{20}$

2. (1) $9\frac{2}{3}$ (2) $6\frac{3}{4}$ (3) $8\frac{6}{7}$ (4) $2\frac{5}{6}$
(5) $8\frac{5}{8}$ (6) $12\frac{2}{5}$ (7) $9\frac{10}{11}$ (8) $7\frac{17}{19}$
(9) $7\frac{9}{10}$ (10) $11\frac{14}{15}$ (11) $6\frac{15}{16}$ (12) $10\frac{13}{18}$
(13) $9\frac{7}{10}$ (14) $6\frac{9}{11}$ (15) $4\frac{9}{15}$ (16) $10\frac{16}{17}$
(17) $9\frac{14}{19}$

39쪽

1. (1) $4\frac{1}{3}$ (2) $9\frac{1}{6}$ (3) $6\frac{3}{8}$ (4) $7\frac{3}{7}$
(5) $9\frac{7}{9}$ (6) $8\frac{1}{4}$ (7) $11\frac{2}{5}$ (8) $4\frac{1}{8}$
(9) $12\frac{3}{10}$ (10) $4\frac{4}{19}$ (11) $3\frac{1}{12}$ (12) $6\frac{6}{11}$
(13) $4\frac{4}{17}$ (14) $10\frac{7}{10}$ (15) $3\frac{1}{14}$ (16) $6\frac{1}{15}$
(17) $3\frac{1}{16}$ (18) $5\frac{5}{18}$ (19) $10\frac{2}{11}$ (20) $9\frac{7}{29}$

2. (1) $5\frac{1}{6}$ (2) $4\frac{2}{9}$ (3) $8\frac{1}{5}$ (4) $4\frac{5}{8}$
(5) $6\frac{3}{7}$ (6) $11\frac{1}{3}$ (7) $4\frac{1}{5}$ (8) $9\frac{7}{9}$
(9) $6\frac{1}{14}$ (10) $6\frac{1}{13}$ (11) $10\frac{3}{10}$ (12) $10\frac{2}{17}$
(13) $8\frac{3}{18}$ (14) $9\frac{3}{13}$ (15) $4\frac{7}{10}$ (16) $6\frac{3}{11}$
(17) $11\frac{7}{20}$

40쪽

1. (1) $9\frac{2}{5}$ (2) $10\frac{1}{7}$ (3) $4\frac{1}{6}$ (4) $9\frac{2}{9}$
(5) $4\frac{3}{8}$ (6) $7\frac{1}{4}$ (7) $8\frac{4}{11}$ (8) $11\frac{1}{10}$
(9) $8\frac{3}{15}$ (10) $6\frac{5}{18}$ (11) $10\frac{2}{19}$ (12) $4\frac{5}{14}$
(13) $12\frac{1}{10}$ (14) $11\frac{1}{18}$ (15) $4\frac{2}{17}$ (16) $7\frac{5}{11}$
(17) $6\frac{5}{12}$ (18) $13\frac{4}{16}$ (19) $9\frac{1}{13}$ (20) $5\frac{3}{26}$

2. (1) $10\frac{5}{8}$ (2) $4\frac{4}{9}$ (3) $10\frac{2}{5}$ (4) $9\frac{1}{6}$
(5) $9\frac{1}{7}$ (6) $11\frac{1}{4}$ (7) $6\frac{7}{15}$ (8) $6\frac{3}{10}$
(9) $9\frac{5}{11}$ (10) $4\frac{2}{17}$ (11) $12\frac{1}{19}$ (12) $3\frac{13}{18}$
(13) $6\frac{5}{11}$ (14) $12\frac{1}{10}$ (15) $14\frac{1}{16}$ (16) $8\frac{7}{12}$
(17) $8\frac{6}{17}$ (18) $4\frac{1}{15}$ (19) $11\frac{6}{18}$ (20) $3\frac{5}{14}$

41쪽

1. (1) $6\frac{4}{9}$ (2) $14\frac{1}{6}$ (3) $8\frac{3}{7}$ (4) $8\frac{2}{5}$
(5) $11\frac{7}{11}$ (6) $10\frac{3}{10}$ (7) $9\frac{1}{13}$ (8) $6\frac{3}{18}$
(9) $5\frac{7}{10}$ (10) $4\frac{7}{30}$ (11) $11\frac{4}{13}$ (12) $10\frac{1}{17}$
(13) $7\frac{1}{16}$ (14) $6\frac{11}{14}$ (15) $8\frac{5}{12}$ (16) $6\frac{1}{19}$
(17) $12\frac{11}{15}$ (18) $16\frac{6}{11}$ (19) $4\frac{1}{18}$ (20) $7\frac{1}{10}$

2. (1) $7\frac{1}{6}$ (2) $6\frac{5}{8}$ (3) $11\frac{5}{7}$ (4) $10\frac{1}{4}$
(5) $10\frac{7}{19}$ (6) $6\frac{5}{24}$ (7) $16\frac{5}{11}$ (8) $8\frac{11}{15}$
(9) $4\frac{1}{18}$ (10) $6\frac{3}{10}$ (11) $8\frac{1}{20}$ (12) $8\frac{2}{12}$
(13) $6\frac{11}{19}$ (14) $8\frac{11}{16}$ (15) $4\frac{3}{11}$ (16) $5\frac{2}{7}$
(17) $10\frac{2}{15}$ (18) $9\frac{11}{19}$ (19) $4\frac{1}{10}$ (20) $8\frac{1}{11}$

42쪽

1. (1) $\frac{1}{3}$ (2) $\frac{3}{7}$ (3) $\frac{1}{6}$ (4) $\frac{2}{5}$ (5) $\frac{2}{4}$
(6) $\frac{4}{9}$ (7) $\frac{3}{8}$ (8) $\frac{3}{7}$ (9) $\frac{3}{10}$ (10) $\frac{6}{14}$
(11) $\frac{3}{15}$ (12) $\frac{9}{26}$ (13) $\frac{13}{20}$ (14) $\frac{3}{11}$ (15) $\frac{3}{10}$
(16) $\frac{7}{17}$ (17) $\frac{5}{23}$ (18) $\frac{5}{19}$ (19) $\frac{5}{12}$ (20) $\frac{3}{13}$

2. (1) $\frac{2}{7}$ (2) $\frac{1}{6}$ (3) $\frac{1}{6}$ (4) $\frac{1}{5}$ (5) $\frac{5}{8}$
(6) $\frac{7}{9}$ (7) $\frac{4}{13}$ (8) $\frac{5}{11}$ (9) $\frac{8}{25}$ (10) $\frac{7}{18}$
(11) $\frac{5}{12}$ (12) $\frac{8}{17}$ (13) $\frac{5}{20}$ (14) $\frac{7}{10}$ (15) $\frac{9}{16}$
(16) $\frac{7}{19}$ (17) $\frac{6}{11}$ (18) $\frac{11}{21}$ (19) $\frac{11}{18}$ (20) $\frac{9}{22}$

43쪽

1. (1) $\frac{4}{7}$ (2) $\frac{1}{6}$ (3) $\frac{2}{5}$ (4) $\frac{1}{8}$ (5) $\frac{3}{18}$
(6) $\frac{5}{16}$ (7) $\frac{17}{28}$ (8) $\frac{4}{19}$ (9) $\frac{5}{11}$ (10) $\frac{13}{30}$
(11) $\frac{5}{12}$ (12) $\frac{11}{18}$ (13) $\frac{3}{10}$ (14) $\frac{1}{13}$ (15) $\frac{7}{24}$
(16) $\frac{5}{11}$ (17) $\frac{5}{14}$ (18) $\frac{8}{25}$ (19) $\frac{4}{13}$ (20) $\frac{8}{18}$

2. (1) $\frac{5}{9}$ (2) $\frac{3}{8}$ (3) $\frac{2}{5}$ (4) $\frac{2}{7}$ (5) $\frac{3}{10}$
(6) $\frac{9}{22}$ (7) $\frac{11}{28}$ (8) $\frac{4}{13}$ (9) $\frac{6}{16}$ (10) $\frac{2}{11}$
(11) $\frac{8}{15}$ (12) $\frac{9}{17}$ (13) $\frac{3}{14}$ (14) $\frac{4}{23}$ (15) $\frac{12}{29}$
(16) $\frac{5}{24}$ (17) $\frac{7}{19}$

44쪽

1. (1) $\frac{4}{7}$ (2) $\frac{1}{4}$ (3) $\frac{1}{6}$ (4) $\frac{1}{5}$ (5) $\frac{7}{16}$
(6) $\frac{4}{19}$ (7) $\frac{5}{11}$ (8) $\frac{7}{12}$ (9) $\frac{3}{10}$ (10) $\frac{6}{23}$
(11) $\frac{9}{14}$ (12) $\frac{13}{32}$ (13) $\frac{9}{18}$ (14) $\frac{7}{17}$ (15) $\frac{6}{11}$
(16) $\frac{7}{22}$ (17) $\frac{11}{20}$ (18) $\frac{7}{10}$ (19) $\frac{17}{24}$ (20) $\frac{2}{15}$

2. (1) $\frac{5}{8}$ (2) $\frac{1}{4}$ (3) $\frac{2}{9}$ (4) $\frac{4}{7}$ (5) $\frac{4}{11}$
(6) $\frac{3}{10}$ (7) $\frac{17}{30}$ (8) $\frac{8}{13}$ (9) $\frac{3}{16}$ (10) $\frac{17}{26}$
(11) $\frac{7}{18}$ (12) $\frac{3}{11}$ (13) $\frac{9}{20}$ (14) $\frac{7}{15}$ (15) $\frac{5}{24}$
(16) $\frac{7}{10}$ (17) $\frac{11}{17}$ (18) $\frac{9}{22}$ (19) $\frac{5}{12}$ (20) $\frac{7}{27}$

45쪽

1. (1) $1\frac{1}{3}$ (2) $2\frac{1}{4}$ (3) $3\frac{3}{8}$ (4) $2\frac{1}{6}$ (5) $1\frac{5}{7}$
(6) $4\frac{2}{5}$ (7) $3\frac{5}{9}$ (8) $2\frac{5}{8}$ (9) $1\frac{9}{26}$ (10) $2\frac{5}{16}$
(11) $3\frac{7}{18}$ (12) $1\frac{9}{28}$ (13) $1\frac{7}{15}$ (14) $3\frac{3}{11}$ (15) $1\frac{11}{25}$
(16) $6\frac{5}{14}$ (17) $4\frac{7}{10}$ (18) $1\frac{5}{11}$ (19) $2\frac{9}{19}$ (20) $2\frac{8}{27}$

2. (1) $3\frac{5}{8}$ (2) $1\frac{1}{6}$ (3) $3\frac{1}{3}$ (4) $4\frac{1}{4}$ (5) $2\frac{5}{9}$
(6) $4\frac{3}{7}$ (7) $1\frac{9}{19}$ (8) $1\frac{8}{21}$ (9) $3\frac{4}{13}$ (10) $2\frac{7}{20}$
(11) $2\frac{13}{24}$ (12) $3\frac{6}{15}$ (13) $2\frac{7}{12}$ (14) $2\frac{7}{17}$ (15) $5\frac{9}{22}$
(16) $1\frac{3}{11}$ (17) $2\frac{3}{10}$

46쪽

1. (1) $2\frac{2}{9}$ (2) $1\frac{1}{5}$ (3) $4\frac{2}{7}$ (4) $5\frac{1}{6}$ (5) $2\frac{4}{15}$
(6) $3\frac{11}{18}$ (7) $1\frac{3}{10}$ (8) $3\frac{6}{14}$ (9) $1\frac{5}{12}$ (10) $1\frac{9}{17}$
(11) $2\frac{5}{21}$ (12) $5\frac{3}{13}$ (13) $3\frac{9}{14}$ (14) $1\frac{13}{25}$ (15) $6\frac{7}{16}$
(16) $2\frac{19}{30}$ (17) $6\frac{14}{23}$ (18) $4\frac{4}{11}$ (19) $2\frac{12}{19}$ (20) $8\frac{17}{27}$

2. (1) $4\frac{5}{7}$ (2) $1\frac{1}{6}$ (3) $5\frac{1}{8}$ (4) $1\frac{2}{9}$ (5) $6\frac{5}{22}$
(6) $2\frac{8}{13}$ (7) $2\frac{4}{15}$ (8) $4\frac{11}{30}$ (9) $2\frac{1}{10}$ (10) $4\frac{5}{11}$
(11) $7\frac{5}{26}$ (12) $2\frac{13}{17}$ (13) $2\frac{5}{12}$ (14) $2\frac{15}{28}$ (15) $2\frac{11}{24}$
(16) $5\frac{2}{15}$ (17) $1\frac{11}{21}$ (18) $2\frac{13}{20}$ (19) $8\frac{3}{14}$ (20) $1\frac{14}{29}$

47쪽

1. (1) $1\frac{1}{3}$ (2) $6\frac{2}{5}$ (3) $8\frac{7}{9}$ (4) $6\frac{5}{8}$ (5) $2\frac{8}{13}$
(6) $5\frac{5}{18}$ (7) $4\frac{3}{10}$ (8) $3\frac{7}{12}$ (9) $5\frac{5}{16}$ (10) $5\frac{7}{20}$
(11) $6\frac{17}{26}$ (12) $1\frac{3}{14}$ (13) $2\frac{3}{19}$ (14) $1\frac{3}{22}$ (15) $2\frac{6}{25}$
(16) $4\frac{7}{11}$ (17) $1\frac{13}{24}$ (18) $1\frac{9}{29}$ (19) $1\frac{9}{28}$ (20) $4\frac{4}{23}$

2. (1) $8\frac{1}{6}$ (2) $6\frac{1}{3}$ (3) $6\frac{2}{8}$ (4) $3\frac{2}{7}$ (5) $4\frac{13}{18}$
(6) $7\frac{5}{17}$ (7) $1\frac{7}{10}$ (8) $5\frac{13}{16}$ (9) $1\frac{1}{19}$ (10) $2\frac{5}{12}$
(11) $1\frac{14}{23}$ (12) $2\frac{13}{27}$ (13) $3\frac{3}{26}$ (14) $1\frac{17}{30}$ (15) $1\frac{11}{20}$
(16) $4\frac{8}{14}$ (17) $5\frac{3}{11}$ (18) $6\frac{13}{24}$ (19) $2\frac{13}{27}$ (20) $4\frac{6}{19}$

48쪽

(1) $\frac{2}{3}$ (2) $1\frac{5}{6}$ (3) $2\frac{5}{8}$ (4) $2\frac{3}{7}$ (5) $2\frac{5}{6}$
(6) $2\frac{10}{11}$ (7) $\frac{1}{4}$ (8) $2\frac{2}{5}$ (9) $2\frac{7}{9}$ (10) $2\frac{7}{10}$
(11) $4\frac{3}{4}$ (12) $1\frac{9}{14}$ (13) $1\frac{1}{2}$ (14) $4\frac{7}{8}$ (15) $1\frac{1}{3}$
(16) $\frac{10}{17}$ (17) $3\frac{2}{5}$ (18) $1\frac{4}{11}$ (19) $1\frac{14}{19}$ (20) $1\frac{7}{12}$
(21) $\frac{2}{7}$ (22) $3\frac{8}{15}$ (23) $\frac{20}{23}$ (24) $\frac{19}{30}$ (25) $1\frac{7}{20}$
(26) $6\frac{8}{9}$ (27) $\frac{8}{13}$ (28) $1\frac{20}{27}$ (29) $3\frac{8}{10}$ (30) $1\frac{13}{18}$

49쪽

(1) $2\frac{1}{2}$ (2) $1\frac{5}{9}$ (3) $6\frac{13}{16}$ (4) $1\frac{7}{12}$ (5) $5\frac{3}{5}$
(6) $1\frac{10}{11}$ (7) $1\frac{15}{16}$ (8) $3\frac{25}{28}$ (9) $\frac{20}{21}$ (10) $2\frac{1}{7}$
(11) $1\frac{11}{15}$ (12) $1\frac{11}{13}$ (13) $\frac{12}{25}$ (14) $3\frac{3}{4}$ (15) $4\frac{5}{8}$
(16) $7\frac{7}{10}$ (17) $1\frac{13}{18}$ (18) $3\frac{5}{6}$ (19) $1\frac{13}{22}$ (20) $\frac{8}{11}$
(21) $\frac{20}{29}$ (22) $2\frac{3}{14}$ (23) $6\frac{2}{3}$ (24) $1\frac{10}{17}$ (25) $1\frac{15}{26}$
(26) $4\frac{5}{12}$ (27) $2\frac{12}{19}$ (28) $3\frac{7}{9}$ (29) $4\frac{17}{24}$ (30) $1\frac{13}{16}$

50쪽

(1) $\frac{7}{12}$ (2) $1\frac{1}{2}$ (3) $\frac{5}{6}$ (4) $\frac{17}{20}$ (5) $1\frac{10}{13}$
(6) $\frac{9}{10}$ (7) $7\frac{13}{18}$ (8) $\frac{19}{26}$ (9) $3\frac{19}{24}$ (10) $4\frac{3}{5}$
(11) $3\frac{6}{7}$ (12) $1\frac{17}{28}$ (13) $7\frac{7}{18}$ (14) $4\frac{13}{14}$ (15) $6\frac{5}{8}$
(16) $\frac{7}{21}$ (17) $3\frac{17}{25}$ (18) $\frac{8}{15}$ (19) $2\frac{3}{4}$ (20) $3\frac{11}{16}$
(21) $3\frac{23}{30}$ (22) $1\frac{20}{23}$ (23) $4\frac{12}{13}$ (24) $5\frac{2}{3}$ (25) $1\frac{6}{17}$
(26) $3\frac{27}{29}$ (27) $1\frac{20}{27}$ (28) $1\frac{9}{14}$ (29) $6\frac{17}{18}$ (30) $3\frac{5}{11}$

51쪽

(1) $\frac{5}{8}$ (2) $3\frac{1}{2}$ (3) $4\frac{7}{9}$ (4) $\frac{6}{17}$ (5) $4\frac{7}{10}$
(6) $2\frac{5}{6}$ (7) $4\frac{17}{19}$ (8) $\frac{3}{7}$ (9) $\frac{17}{20}$ (10) $7\frac{2}{5}$
(11) $1\frac{9}{19}$ (12) $\frac{8}{21}$ (13) $1\frac{19}{24}$ (14) $4\frac{7}{18}$ (15) $4\frac{13}{20}$
(16) $2\frac{27}{29}$ (17) $\frac{19}{21}$ (18) $3\frac{13}{22}$ (19) $3\frac{14}{15}$ (20) $2\frac{15}{26}$
(21) $1\frac{1}{14}$ (22) $3\frac{19}{30}$ (23) $4\frac{3}{4}$ (24) $5\frac{18}{23}$ (25) $\frac{20}{27}$
(26) $8\frac{11}{16}$ (27) $7\frac{23}{28}$ (28) $10\frac{2}{3}$ (29) $\frac{11}{18}$ (30) $1\frac{12}{25}$

52쪽

1. (1) 7 (2) 8 (3) 9 (4) 4 (5) 9 (6) 6
(7) 5 (8) 8 (9) 5 (10) 8 (11) 7 (12) 5
2. (1) 9 (2) 5 (3) 8 (4) 5 (5) 6 (6) 8
(7) 6 (8) 6 (9) 5 (10) 7 (11) 8 (12) 9

53쪽

1. (1) 14 (2) 20 (3) 21 (4) 22 (5) 33
(6) 14 (7) 13 (8) 18 (9) 14
2. (1) 13 (2) 21 (3) 12 (4) 10 (5) 12
(6) 12 (7) 11 (8) 10 (9) 11

54쪽

1. (1) 31 (2) 31 (3) 26 (4) 28
(5) 63 (6) 35 (7) 72 (8) 39
2. (1) 27 (2) 45 (3) 42 (4) 46
(5) 35 (6) 74 (7) 44 (8) 21

55쪽

1. (1) 64 (2) 51 (3) 24 (4) 67
(5) 53 (6) 57 (7) 63 (8) 62
2. (1) 82 (2) 35 (3) 86 (4) 33
(5) 47 (6) 66 (7) 42 (8) 98

56쪽

1. (1) 57 (2) 39 (3) 79 (4) 63
(5) 56 (6) 52 (7) 46 (8) 69
2. (1) 57 (2) 42 (3) 27 (4) 46
(5) 68 (6) 42 (7) 56 (8) 42

57쪽

1. (1) 46 (2) 63 (3) 51 (4) 62
(5) 32 (6) 18 (7) 42 (8) 62
2. (1) 65 (2) 48 (3) 41 (4) 69
(5) 35 (6) 71 (7) 38 (8) 41

58쪽

1. (1) 59 (2) 45 (3) 62 (4) 64
(5) 52 (6) 47 (7) 91 (8) 71
2. (1) 47 (2) 65 (3) 42 (4) 71
(5) 54 (6) 24 (7) 37 (8) 52

59쪽

1. (1) 29 (2) 45 (3) 15 (4) 45
(5) 72 (6) 71 (7) 75 (8) 69
2. (1) 32 (2) 72 (3) 43 (4) 52
(5) 23 (6) 69 (7) 71 (8) 59

60쪽

1. (1) 73 (2) 34 (3) 42 (4) 32 (5) 23 (6) 53 (7) 65 (8) 63
2. (1) 49 (2) 65 (3) 37 (4) 85 (5) 33 (6) 52 (7) 84 (8) 33

61쪽

1. (1) 52 (2) 47 (3) 65 (4) 91 (5) 55 (6) 57 (7) 62 (8) 45
2. (1) 44 (2) 65 (3) 71 (4) 39 (5) 42 (6) 79 (7) 33 (8) 34

62쪽

1. (1) 59 (2) 46 (3) 42 (4) 29 (5) 41 (6) 54 (7) 39 (8) 85
2. (1) 75 (2) 41 (3) 51 (4) 37 (5) 27 (6) 51 (7) 29 (8) 72

63쪽

1. (1) 49 (2) 22 (3) 88 (4) 81 (5) 85 (6) 13 (7) 41 (8) 91
2. (1) 31 (2) 36 (3) 78 (4) 58 (5) 72 (6) 29 (7) 27 (8) 85

64쪽

1. (1) 52 (2) 86 (3) 36 (4) 73 (5) 73 (6) 94 (7) 29 (8) 27
2. (1) 66 (2) 37 (3) 67 (4) 54 (5) 29 (6) 75 (7) 94 (8) 45

65쪽

1. (1) 42 (2) 76 (3) 17 (4) 73 (5) 51 (6) 82 (7) 23 (8) 87
2. (1) 35 (2) 79 (3) 71 (4) 51 (5) 31 (6) 57 (7) 71 (8) 47

66쪽

1. (1) 66 (2) 36 (3) 83 (4) 83 (5) 41 (6) 36 (7) 83 (8) 78
2. (1) 61 (2) 63 (3) 39 (4) 41 (5) 58 (6) 47 (7) 62 (8) 72

67쪽

1. (1) 92 (2) 39 (3) 71 (4) 61 (5) 52 (6) 71 (7) 93 (8) 23
2. (1) 58 (2) 26 (3) 73 (4) 62 (5) 43 (6) 43 (7) 35 (8) 78

68쪽

1. (1) 44 (2) 41 (3) 55 (4) 75 (5) 25 (6) 83 (7) 38 (8) 42
2. (1) 71 (2) 34 (3) 55 (4) 57 (5) 52 (6) 53 (7) 59 (8) 39

69쪽

1. (1) 47 (2) 83 (3) 34 (4) 54 (5) 75 (6) 36 (7) 47 (8) 83
2. (1) 47 (2) 72 (3) 63 (4) 37 (5) 31 (6) 25 (7) 52 (8) 63

70쪽

1. (1) 9 (2) 3 (3) 11 (4) 15 (5) 88 (6) 70 (7) 4 (8) 3
2. (1) 19 (2) 18 (3) 10 (4) 40 (5) 120 (6) 7 (7) 13 (8) 750 (9) 1860 (10) 7

71쪽

1. (1) 22 (2) 14 (3) 21 (4) 60 (5) 55 (6) 20 (7) 49 (8) 3
2. (1) 50 (2) 58 (3) 4 (4) 43 (5) 77 (6) 14 (7) 1 (8) 20 (9) 24 (10) 45

72쪽

1. (1) 9−(4+3)=2 (2) 3×(4+2)=18 (3) (5+6)×3=33 (4) 6×(8−3)=30 (5) (10−3)×4=28 (6) (15−7)÷2=4 (7) (16+4)÷4=5 (8) 27÷(7+2)=3 (9) 39÷(15−2)=3 (10) (22+4)÷2=13
2. (1) 4×5+14÷7=22 (2) 9÷3+4×4=19 (3) 5×7−48÷8=29 (4) 9×3−14÷2=20 (5) 45÷9+7×6=47 (6) 6÷2+10÷5=5 (7) 9×8+4×5=92 (8) 3×9−32÷4=19

73쪽

1. (1) 0.4 (2) 0.8 (3) 0.8 (4) 0.7 (5) 1 (6) 0.9 (7) 0.9 (8) 1 (9) 0.7 (10) 1 (11) 0.8 (12) 0.5 (13) 0.8 (14) 0.7 (15) 0.5 (16) 0.6 (17) 0.8 (18) 0.6 (19) 0.9 (20) 1 (21) 0.8 (22) 0.3 (23) 0.5 (24) 0.9
2. (1) 0.9 (2) 1 (3) 0.9 (4) 0.6 (5) 0.8 (6) 0.7 (7) 0.7 (8) 0.2 (9) 1 (10) 1 (11) 1 (12) 0.6 (13) 0.9 (14) 0.4 (15) 0.6 (16) 0.8 (17) 1 (18) 0.4 (19) 0.9 (20) 0.6

74쪽

1. (1) 0.6 (2) 0.7 (3) 1 (4) 0.9 (5) 1 (6) 0.4 (7) 0.4 (8) 1 (9) 0.9 (10) 0.6 (11) 0.5 (12) 0.2 (13) 0.4 (14) 0.8 (15) 0.9 (16) 0.8 (17) 0.8 (18) 1 (19) 0.5 (20) 0.7 (21) 0.9 (22) 0.6 (23) 0.9 (24) 1
2. (1) 0.7 (2) 0.9 (3) 1 (4) 0.7 (5) 0.5 (6) 0.3 (7) 0.7 (8) 1 (9) 0.6 (10) 0.8 (11) 0.3 (12) 0.9 (13) 0.7 (14) 0.4 (15) 0.8 (16) 0.9 (17) 0.8 (18) 0.7 (19) 1 (20) 0.8 (21) 0.5 (22) 0.6 (23) 0.8 (24) 1

75쪽

1. (1) 0.5 (2) 1 (3) 0.8 (4) 0.6 (5) 0.4 (6) 0.2 (7) 0.9 (8) 0.4 (9) 0.7 (10) 0.8 (11) 1 (12) 0.9 (13) 0.7 (14) 0.6 (15) 0.9 (16) 0.5 (17) 0.9 (18) 0.6 (19) 0.5 (20) 0.9 (21) 1 (22) 0.7 (23) 0.7 (24) 1
2. (1) 0.8 (2) 0.6 (3) 0.9 (4) 0.5 (5) 1 (6) 1 (7) 0.8 (8) 0.8 (9) 0.3 (10) 0.8 (11) 1 (12) 0.7 (13) 0.7 (14) 0.9 (15) 0.7 (16) 1 (17) 0.6 (18) 0.5 (19) 0.4 (20) 0.3 (21) 0.7 (22) 0.8 (23) 0.9 (24) 0.6

76쪽

1. (1) 0.7 (2) 0.6 (3) 0.9 (4) 0.7 (5) 0.8 (6) 1 (7) 0.9 (8) 1 (9) 0.9 (10) 0.9 (11) 1 (12) 0.6 (13) 0.2 (14) 0.6 (15) 0.7 (16) 0.4 (17) 0.5 (18) 0.4 (19) 0.7 (20) 0.8 (21) 1 (22) 0.9 (23) 0.5 (24) 0.5
2. (1) 0.6 (2) 0.7 (3) 1 (4) 0.8 (5) 0.8 (6) 0.6 (7) 0.3 (8) 0.8 (9) 0.8 (10) 0.2 (11) 1 (12) 0.7 (13) 0.8 (14) 0.4 (15) 0.9 (16) 0.9 (17) 0.5 (18) 0.9 (19) 0.9 (20) 1 (21) 0.5 (22) 0.6 (23) 1 (24) 1

77쪽

1. (1) 0.34 (2) 0.53 (3) 0.7 (4) 1.12

(5) 0.13 (6) 0.14 (7) 0.39 (8) 1.53

(9) 0.84 (10) 0.88 (11) 0.09 (12) 0.13

(13) 0.1 (14) 0.71 (15) 0.5 (16) 1

(17) 0.98 (18) 0.9 (19) 0.05 (20) 6.01

(21) 0.1 (22) 1.63 (23) 0.87 (24) 0.7

2. (1) 0.07 (2) 0.61 (3) 0.08 (4) 1.22

(5) 0.14 (6) 0.6 (7) 1.16 (8) 0.11

(9) 1 (10) 1 (11) 1.14 (12) 0.11

(13) 0.13 (14) 1.03 (15) 1.26 (16) 8.03

(17) 1.25 (18) 0.14 (19) 0.11 (20) 0.53

(21) 1.41

78쪽

1. (1) 0.48 (2) 3.02 (3) 1.15 (4) 0.12

(5) 0.11 (6) 0.1 (7) 1.26 (8) 1.67

(9) 0.11 (10) 0.43 (11) 0.54 (12) 1

(13) 1.31 (14) 0.08 (15) 0.09 (16) 0.8

(17) 0.42 (18) 1 (19) 0.87 (20) 1.74

(21) 0.14 (22) 6.74 (23) 0.35 (24) 0.14

2. (1) 0.82 (2) 0.76 (3) 1.27 (4) 1.35

(5) 0.06 (6) 0.42 (7) 0.63 (8) 8.34

(9) 0.62 (10) 0.51 (11) 1.18 (12) 0.96

(13) 0.12 (14) 0.96 (15) 1.11 (16) 1

(17) 0.06 (18) 0.06 (19) 0.4 (20) 1.04

(21) 0.09 (22) 0.6 (23) 0.96 (24) 0.07

79쪽

1. (1) 1.065 (2) 1.98 (3) 6 (4) 1

(5) 2 (6) 4.064 (7) 1 (8) 1.92

(9) 1 (10) 1 (11) 1.024 (12) 1.03

(13) 4.174 (14) 6.001 (15) 1.1 (16) 3

(17) 1 (18) 6 (19) 8.01 (20) 1.03

(21) 2.01 (22) 2 (23) 9.001 (24) 1.2

2. (1) 1 (2) 1.1 (3) 3.804 (4) 7

(5) 1.024 (6) 1.003 (7) 1.007 (8) 3.01

(9) 1.002 (10) 1.442 (11) 1.04 (12) 2

(13) 2.01 (14) 2.003 (15) 3.704 (16) 1.028

(17) 1 (18) 9 (19) 0.873 (20) 1.301

(21) 4 (22) 1.002 (23) 2.01 (24) 2

80쪽

1. (1) 2.002 (2) 1 (3) 6.01 (4) 8

(5) 2.04 (6) 1.21 (7) 1 (8) 3.002

(9) 1.042 (10) 5 (11) 1.03 (12) 5.002

(13) 5 (14) 1.003 (15) 1.002 (16) 2.03

(17) 7.003 (18) 2 (19) 3.04 (20) 3.7

(21) 1.802 (22) 4.02 (23) 1.745 (24) 6.053

2. (1) 10.027 (2) 2.252 (3) 5 (4) 2.263

(5) 2.008 (6) 7.003 (7) 4.03 (8) 8.427

(9) 2.004 (10) 1.038 (11) 3 (12) 1.006

(13) 1.001 (14) 6.002 (15) 2.001 (16) 1.01

(17) 8.045 (18) 2 (19) 7.089 (20) 1.262

(21) 3.464 (22) 4.323 (23) 6.007 (24) 2.025

81쪽

1. (1) 0.9 (2) 0.4 (3) 0.7 (4) 0.3

(5) 0.2 (6) 0.3 (7) 0.4 (8) 0.7

(9) 0.1 (10) 0.2 (11) 0.1 (12) 0.2

(13) 0.1 (14) 0.5 (15) 0.1 (16) 0.3

(17) 0.7 (18) 0.5 (19) 0.5 (20) 0.2

(21) 0.4 (22) 0.6 (23) 0.1 (24) 0.4

2. (1) 0.2 (2) 0.5 (3) 0.1 (4) 0.4

(5) 0.1 (6) 0.8 (7) 0.2 (8) 0.8

(9) 0.5 (10) 0.1 (11) 0.3 (12) 0.2

(13) 0.6 (14) 0.6 (15) 0.5 (16) 0.3

(17) 0.3 (18) 0.6 (19) 0.5 (20) 0.1

(21) 0.1 (22) 0.2 (23) 0.3 (24) 0.3

82쪽

1. (1) 0.5 (2) 0.8 (3) 0.9 (4) 0.2

(5) 0.4 (6) 0.2 (7) 0.1 (8) 0.3

(9) 0.1 (10) 0.1 (11) 0.2 (12) 0.7

(13) 0.1 (14) 0.1 (15) 0.3 (16) 0.6

(17) 0.7 (18) 0.3 (19) 0.3 (20) 0.6

(21) 0.3 (22) 0.4 (23) 0.4 (24) 0.5

2. (1) 0.2 (2) 0.6 (3) 0.6 (4) 0.2

(5) 0.2 (6) 0.3 (7) 0.4 (8) 0.7

(9) 0.1 (10) 0.4 (11) 0.4 (12) 0.2

(13) 0.1 (14) 0.5 (15) 0.5 (16) 0.5

(17) 0.2 (18) 0.3 (19) 0.3 (20) 0.2

(21) 0.2 (22) 0.1 (23) 0.1 (24) 0.8

83쪽

1. (1) 0.1 (2) 0.1 (3) 0.2 (4) 0.4

(5) 0.5 (6) 0.1 (7) 0.6 (8) 0.1

(9) 0.3 (10) 0.1 (11) 0.4 (12) 0.1

(13) 0.2 (14) 0.7 (15) 0.7 (16) 0.1

(17) 0.5 (18) 0.2 (19) 0.2 (20) 0.3

(21) 0.4 (22) 0.1 (23) 0.4 (24) 0.3

2. (1) 0.7 (2) 0.6 (3) 0.6 (4) 0.1

(5) 0.5 (6) 0.9 (7) 0.3 (8) 0.3

(9) 0.3 (10) 0.6 (11) 0.2 (12) 0.1

(13) 0.4 (14) 0.8 (15) 0.2 (16) 0.5

(17) 0.8 (18) 0.3 (19) 0.3 (20) 0.5

(21) 0.2 (22) 0.2 (23) 0.2 (24) 0.2

84쪽

1. (1) 0.4 (2) 0.2 (3) 0.4 (4) 0.1

(5) 0.8 (6) 0.4 (7) 0.2 (8) 0.7

(9) 0.7 (10) 0.3 (11) 0.5 (12) 0.5

(13) 0.8 (14) 0.3 (15) 0.2 (16) 0.7

(17) 0.6 (18) 0.1 (19) 0.1 (20) 0.3

(21) 0.4 (22) 0.2 (23) 0.1 (24) 0.6

2. (1) 0.3 (2) 0.3 (3) 0.1 (4) 0.2

(5) 0.1 (6) 0.1 (7) 0.2 (8) 0.9

(9) 0.3 (10) 0.4 (11) 0.1 (12) 0.2

(13) 0.4 (14) 0.6 (15) 0.1 (16) 0.6

(17) 0.1 (18) 0.3 (19) 0.2 (20) 0.1

(21) 0.5 (22) 0.6 (23) 0.5 (24) 0.4

85쪽

1. (1) 0.03 (2) 0.03 (3) 0.13 (4) 1.61

(5) 0.07 (6) 0.09 (7) 0.3 (8) 0.09

(9) 0.75 (10) 0.3 (11) 0.05 (12) 0.08

(13) 0.08 (14) 2.74 (15) 0.92 (16) 0.37

(17) 0.06 (18) 0.08 (19) 0.08 (20) 0.45

(21) 0.07 (22) 0.98 (23) 0.5 (24) 0.47

2. (1) 0.04 (2) 0.08 (3) 0.05 (4) 0.76

(5) 0.1 (6) 0.09 (7) 0.74 (8) 0.32

(9) 0.8 (10) 0.06 (11) 0.72 (12) 0.07

(13) 0.07 (14) 0.3 (15) 0.39 (16) 5

(17) 0.95 (18) 0.42 (19) 0.07 (20) 0.09

(21) 0.93

86쪽

1. (1) 0.44 (2) 3 (3) 0.38 (4) 0.82

(5) 0.01 (6) 0.22 (7) 0.88 (8) 0.57

(9) 0.07 (10) 0.81 (11) 0.06 (12) 0.2

(13) 0.12 (14) 0.04 (15) 0.41 (16) 0.29

(17) 0.03 (18) 0.92 (19) 0.66 (20) 0.89

(21) 0.02 (22) 0.03 (23) 0.03 (24) 0.01

2. (1) 0.28 (2) 0.04 (3) 0.83 (4) 0.09

(5) 0.08 (6) 0.01 (7) 0.07 (8) 0.94

(9) 0.12 (10) 0.8 (11) 0.83 (12) 0.53

(13) 0.06 (14) 0.8 (15) 0.05 (16) 0.67

(17) 0.2 (18) 0.06 (19) 0.22 (20) 0.74

(21) 0.03 (22) 0.82 (23) 0.15 (24) 0.08

87쪽

1. (1) 0.357 (2) 4.961 (3) 2.939 (4) 3.956

(5) 0.972 (6) 5.991 (7) 0.597 (8) 0.284

(9) 0.919 (10) 1.998 (11) 0.245 (12) 1

(13) 5 (14) 5.998 (15) 6.998 (16) 0.079

(17) 3.953 (18) 0.293 (19) 0.091 (20) 2.964

2. (1) 0.508 (2) 0.013 (3) 4.939 (4) 6.998

(5) 1.903 (6) 6.001 (7) 0.02 (8) 4.991

(9) 3.201 (10) 0.982 (11) 0.958 (12) 1.001

(13) 5.911 (14) 6.968 (15) 7.989 (16) 0.608

(17) 0.949 (18) 3.027 (19) 4.998 (20) 7.995

88쪽

1. (1) 3.999 (2) 3.1 (3) 3.955 (4) 1.06

(5) 0.019 (6) 1.908 (7) 4.989 (8) 1.002

(9) 1.006 (10) 0.005 (11) 3.928 (12) 0.595

(13) 0.972 (14) 5.2 (15) 0.946 (16) 1.947

(17) 7.999 (18) 6 (19) 5.977 (20) 0.946

2. (1) 4.324 (2) 1.4 (3) 5.998 (4) 5.997

(5) 4.996 (6) 0.876 (7) 3.002 (8) 0.918

(9) 2.996 (10) 8.977 (11) 0.947 (12) 1.958

(13) 6.941 (14) 4.966 (15) 3.995 (16) 1

(17) 1.995 (18) 0.55 (19) 6.589 (20) 4.936